海洋能产业技术创新体系研究

夏登文　李拓晨　丁莹莹　薛彩霞　著

海洋出版社

2015 年·北京

图书在版编目(CIP)数据

海洋能产业技术创新体系研究／夏登文，李拓晨，丁莹莹，薛彩霞著.
—北京：海洋出版社，2015.1
IISBN 978 - 7 - 5027 - 9052 - 3

Ⅰ．①海… Ⅱ．①夏… ②李… ③丁… ④薛… Ⅲ．①海洋动
力资源 - 产业 - 技术革新 - 研究 - 中国 Ⅳ．①P743

中国版本图书馆 CIP 数据核字（2014）第 307503 号

责任编辑：钱晓彬
责任印制：赵麟苏

海洋出版社 出版发行

http://www.oceanpress.com.cn
北京市海淀区大慧寺路 8 号 邮编：100081
北京旺都印务有限公司印刷 新华书店经销
2015 年 1 月第 1 版 2015 年 1 月北京第 1 次印刷
开本：787 mm × 1092 mm 1/16 印张：12
字数：200 千字 定价：56.00 元
发行部：62132549 邮购部：68038093 总编室：62114335
海洋版图书印、装错误可随时退换

前　言

随着石油、煤炭等传统化石能源的日渐枯竭，世界各国均在积极开发风能、太阳能、海洋能等可再生能源，探索开发新能源是人类面临的艰巨任务。海洋能在一定情况下可转化成电能和机械能，这种"再生性能源"，总体蕴藏量大、永远不会枯竭，不会造成任何污染，且在开发的同时可以和种植、水产养殖、旅游、交通运输结合在一起，是人类新能源的璀璨之星。海洋能真正发展始于 20 世纪 70 年代，进入 21 世纪以后，传统能源价格的上涨以及人类环保意识的逐渐上升，海洋能开发受到高度重视，海洋能这一战略性新兴产业发展正焕发出勃勃生机，特别是在波浪能和潮流能技术方面进展迅速。广阔的发展前景促使全球很多国家和地区都将目光投向了这一新兴产业，我国在"十二五"规划中明确规定，将海洋能列为国家战略开发能源。但是，海洋能开发目前还存在一定的局限性，如技术瓶颈、材料制约、施工作业难度大、社会投资关注度低等，尤其技术创新不足是当前海洋能产业发展的最主要制约因素。

海洋能产业作为我国战略性新兴产业，技术创新是其发展的源动力。在全球推进新能源发展的环境下，世界主要海洋国家已将海洋能开发利用作为本国战略性新兴产业的发展重点，以高新技术为基础的海洋战略性新兴产业成为各国经济快速发展的战略重点。世界经济发达国家，如美国、日本、欧盟等，逐渐将战略重点转向新兴产业，并给予其前所未有的政策支持，希望通过战略性新兴产业振兴本国经济，并成为本国经济发展新的领航标。我国政府十分重视海洋可再生能源发展。2006 年颁布的《可再生能源法》明确将海洋可再生能源纳入可再生能源范畴，并确定了专项资金支持方向。《国家海洋事业发展规划纲要》、《国家"十一五"海洋科学和技术发展规划纲要》、《全国科技兴海规划纲要（2008—2015 年）》和《国家"十二五"海洋科学和技术发展规划纲要》中，均明确了海洋可再生能源的发展目标，争取在 2020 年使我国的海洋可再生能源技术研发水平和应用规模跻身于世界前列。

本书通过追踪国际海洋能技术发展概况，归纳总结国外海洋能技术创新和产业发展的成功经验，结合我国海洋能技术发展现状，研究我国海洋能产业技术创新体系的构建及评价问题，阐述我国海洋能产业技术创新体系的各个子系统和我国海洋能产业技术创新体系的运行绩效评价。总结国内外现有关于海洋能技术创新体系的研究内容和研究方法，旨在能够推动我国海洋能产业和海洋能技术发展方式的转变，提高我国海洋能产业技术创新的运行绩效，尽快形成与我国现阶段经济发展要求相匹配的海洋技术创新实力与自主技术创新能力。

本书研究了海洋能及海洋能产业的内涵，介绍了国内外海洋能技术发展概况；阐述了国外海洋能产业的发展情况，归纳总结了国外海洋能产业发展的成功经验；分析了我国海洋能产业发展的基本情况、优势条件和存在的主要问题；阐述了我国海洋能产业技术创新体系的内涵和特征，根据我国海洋能产业技术创新体系的特点归纳总结了系统构建原则，提出了海洋能产业技术创新体系构成，即创新主体子系统和创新支撑子系统，阐述了我国海洋能产业技术创新体系的运行机制；构建了我国海洋能产业技术创新体系框架模型，阐释了系统内各构成要素之间的相互关系，对我国海洋能产业技术创新体系进行了实证评价，使用 UCINET 6.0 软件研究我国海洋能产业技术创新体系主体子系统；研究了我国海洋能产业技术创新体系支撑子系统，使用结构方程模型实证分析环境要素对我国海洋能产业技术创新体系创新活动的影响及贡献程度；基于实证分析结果和相关研究，提出了提升我国海洋能产业技术创新体系运行绩效的对策，包括基于创新主体子系统提升我国海洋能产业技术创新体系运行绩效的对策和基于创新支撑子系统提升我国海洋能产业技术创新体系运行绩效的对策。

在本书的写作过程中，哈尔滨工程大学的陈伟教授、范德成教授、史丽萍教授、陈恒教授、张玉喜教授、肖振红教授、王玉晶老师、张秀华老师、何志勇老师、于雪霞老师和姜波老师以及国家海洋技术中心的罗晓玲研究员、高艳波研究员、王海峰高工、刘玉新高工、麻常雷工程师、李雪临工程师、李芝凤工程师、王芳工程师、吴迪工程师、黄翠工程师、王萌工程师与张多助工提供了很多的资料和修改意见，在此表示感谢。由于作者水平有限，书中错误和疏漏之处，恳请各位专家、读者批评指正。

目　次

第1章 海洋能产业概述

1.1 海洋能

进入 21 世纪以来，科技的进步和工业的加速发展，使地球资源消耗日益增加，能源问题更加突出。海洋覆盖了地球 70% 的表面，蕴涵着无穷的能量，其中可利用的能量大大超过了目前全球能源需求的总和。由于海洋能是清洁的、可永续利用的可再生能源，海洋能的开发和利用对缓解能源危机和环境污染问题具有重要的意义，利用海洋能发电已经成为国际新能源市场的一大热点。

海洋能指以海水为能量载体，以潮汐、波浪、海流/潮流、温度差和盐度梯度等形式存在的潮汐能、波浪能、海流能/潮流能、温差能和盐差能。除了潮汐能和海流能来源于太阳和月亮对地球的引力作用以外，其他几种能源都来源于太阳辐射。按存在形式，海洋能可分为机械能、热能和化学能。其中，潮汐能、潮流能和波浪能为机械能，海水温差能为热能，海水盐差能为化学能。按所获取能量的稳定性，海洋能可分为：较稳定的海洋能，如温差能、盐差能和海流能；不稳定的海洋能，如潮汐能、潮流能和波浪能。

海洋能普遍存在于浩瀚的海洋水体中，开发利用潜力巨大，其理论储量是目前全世界各国每年能耗的几百倍甚至几千倍。海洋能可开发利用资源潜在量评估受技术水平的影响较大。目前，对海洋能资源评估研究尚处于初期阶段，采用的评估方法不同，评估结论差别较大。联合国政府间气候变化专门委员会(Intergovernmental Panel on Climate Change, IPCC)第五次评估报告提到，世界海洋能的技术可开发潜力理论估计值为 7 400 EJ/a（Rogner et al, 2000），而 2009 年 Krewitt 等预计，2050 年全球海洋能技术可开发潜力为 331 EJ/a，且主要为海洋温差能(300 EJ/a)和波浪能(20 EJ/a)。

我国大陆沿岸和海岛附近蕴藏着较为丰富的海洋能资源。新中国成立以来，我国开展了 4 次海洋能调查，分别为 1958 年、1978 年、1986 年和 2004 年。其中，2004 年由国家海洋局组织的"我国近海海洋综合调查与评价"专项（简称"908 专项"）首次对我国近岸海域潮汐能、波浪能、潮流能、温差能、盐差能、海洋风能资源进行全面普查。调查成果表明，我国近岸海洋能资源潜在量约为 15.8×10^8 kW，技术可开发量达 6.47×10^8 kW。具体统计数据见表 1.1。

表 1.1　我国近海海洋可再生能源蕴藏量和技术可开发量统计

序号	能源	蕴藏量 理论装机容量/$\times 10^4$ kW	技术可开发量 装机容量/$\times 10^4$ kW
1	潮汐能	19 286	2 283
2	潮流能	833	166
3	波浪能	1 600	1 471
4	温差能	36 713	2 570
5	盐差能	11 309	1 131
6	海洋风能	88 300	57 034
	合　计	158 041	64 655

注：统计范围为：
1. 潮汐能：我国 10 m 等深线以浅的蕴藏量和技术可开发量；
2. 潮流能：我国近海主要水道的潮流能资源蕴藏量和技术可开发量；
3. 波浪能：我国近海离岸 20 km 一带的波浪能资源蕴藏量和技术可开发量；
4. 海洋风能：我国近海 50 m 等深线以浅海域风能资源藏量和技术可开发量；
5. 温差能：我国南海区域表层与深层海水温差≥18℃水体蕴藏的温差能；
6. 盐差能：我国主要河口盐差能资源蕴藏量和技术可开发量；
7. 不包括台湾省。

我国潮汐能富集地区主要集中在东海沿岸，以江苏、浙江、福建三省最多。渤海、黄海沿岸潮汐能相对较小，其中辽宁省较大。南海沿岸为我国潮汐能最小的区域，其中广东省较大。潮流能以各省区沿岸的分布状况来看，浙江省沿岸最为丰富，占全国潮流能资源总量的一半以上，其次是山东、江苏、海南、福建和辽宁，约占全国总量的 36%，其他省份沿岸潮流能蕴藏量较少。我国波浪能密度南方沿岸比北方沿岸高，外海比大陆岸边高，外围岛屿附近海域比沿岸岛屿附近海域高；时间上秋冬季较高，春夏季较低。我国渤海、黄海、东海温差能蕴藏量较小，南海和台湾以东海区蕴藏量巨大。我国沿海城市或地区盐差能蕴藏量丰富，统计 22 条主要入海河流盐差能理论功率为 113.08×10^6 kW，主要分布在长江及长江以南，约占全国的 94%；就海区而言，东海最大，其次是南海、渤海、黄海。中国近海最优的风能资源区位于台湾海峡，年平均风功率密度达到 600 W/m² 以上。长江口以南的东海海域，南海的粤东以及粤西的上川岛附近海域，北部湾的海南岛以东海域以及山东半岛附近海域都是风能资源的丰富区，年平均风功率密度都在 200 W/m² 以上。

海洋可再生能源的特点主要包括以下几个方面。

1）海洋能存在于海洋环境中，普遍开发难度大。

2）资源总量大，但能量密度小，即单位体积、单位面积或单位长度上所蕴藏的能量小。

3）由于波、潮、流等海洋物理现象的不稳定性，使得海洋能的稳定性较常规化石能源差。海洋能源随时间、海域变化，各有规律，给开发利用海洋能带来了一定的难度。

4）海洋能的开发通常需要良好的海洋工程技术基础。

5）海洋能清洁无污染，其开发利用过程对环境影响很小。在生产和使用过程中，不产生有害物质，对环境不造成污染并且在消耗后可得到恢复补充。

在当今环境污染日益严峻的今天，海洋能的发展具有重要意义。海洋能开发利用技术是海洋、蓄能、土工、水利、机械、材料、发电、输电、可靠性等技术的集成，在海洋能开发设计中需要多学科交融，尤其是依靠高科技作支撑。由于一次性投入高，新技术应具有足够的前瞻性和实践性，以确保其在足够的年限发挥应有的作用。

1.1.1 潮汐能

潮汐是指由于月球和太阳引潮力的作用或因大洋潮波传入，海面发生周期性涨落的现象。潮汐能指海水受月球和太阳对地球产生的引潮力的作用而周期性涨落所储存的势能。

海洋潮汐中蕴藏着巨大的能量，世界动力会议 1974 年资料表明，全球潮汐能资源理论潜在量约为 3.0×10^9 kW，其中技术可开发量约为 2%。

我国潮汐能富集地区主要集中在东海沿岸，其中，浙江省最多，约为 5.699×10^7 kW，其次为江苏省，约为 4.875×10^7 kW，福建省约为 3.305×10^7 kW。福建省的潮汐能年平均功率密度最大，全省平均值约为 3 276 kW/km²。渤海、黄海沿岸潮汐能相对较小，辽宁省、河北省、天津市、山东省等沿海地区中潮汐能潜在量以辽宁省较大。南海沿岸为我国潮汐能最小的区域，广东省、广西区、海南省等沿海地区中潮汐能潜在量以广东省较大。

经统计，我国近海潮汐能资源技术可开发装机容量大于 500 kW 的坝址共

171 个，总技术装机容量为 2.283×10^7 kW，其中，浙闽两省潮汐能技术可开发装机容量为 2.067×10^7 kW，占全国技术可开发量的 90.5%。

1.1.2 波浪能

波浪是指海面在外力的作用下，海水质点在其平衡位置附近的周期性或准周期性的运动。实际海洋中的波浪十分复杂，人们通常近似地把实际波浪视为由许多振幅不同、周期不等、位相杂乱的简单波动叠加而成。波浪能是指海洋表面波浪所具有的动能和势能。波浪的能量与波高的平方、波浪的运动周期及波面的宽度成正比。

波浪能是海洋能中能量最不稳定的一种能源，可利用的波浪能大小随季节变化发生短期或周期性的变化。世界波浪能潜力从理论上计算约为 32 000 TWh/a（115 EJ/a），技术可开发量为 500 GW（Sims et al，2007）。

我国近海离岸 20 km 一线的波浪能资源理论潜在量为 $1\ 599.52 \times 10^4$ kW，理论年发电量 $1\ 401.17 \times 10^8$ kWh；技术可开发装机容量为 $1\ 470.59 \times 10^4$ kW，年发电量为 $1\ 288.22 \times 10^8$ kWh。辽宁、河北、天津、江苏及山东半岛大部沿岸海域为波浪能资源贫乏区，上海、浙江北部及海南北部等沿岸海域为可利用区，浙江南部、福建北部及广东西南部等沿岸海域为较丰富区，福建南部、广东东北部、海南西南部及台湾大部分沿岸海域为丰富区。

1.1.3 潮流能

潮流是潮汐引起的周期性水位升降而伴随产生的海水周期性水平流动。潮流与潮汐有相同的周期，潮流发生时间和幅度基本不受气候变化的影响，具有很好的可预测性。潮流能指引潮力使海水产生周期性往复水平运动时所具有的动能。其能量主要集中在狭窄的海峡或某些海湾。

评估潮流能资源量的方法有很多，但对于具体的某个海峡或岛屿间的水道，计算资源量还有很多制约因素。在欧洲，英国、爱尔兰、希腊、法国和意大利已经确定了 106 个有前景的潮流能利用站位，其中多数在英国。若采用当今最先进的技术开发，这些站位的技术可开发量估计为 48 TWh/a（0.17 EJ/a）。

我国潮流能资源丰富，近海主要水道（99 条水道）的潮流能资源潜在量约为 832.51×10^4 kW，技术可开发装机容量约为 166.49×10^4 kW，技术可开发年发电量 145.86×10^8 kWh。我国浙江省沿岸海域潮流能资源最为丰富，约为

516.77×10^4 kW，占我国潮流能潜在量的 1/2 以上，主要集中于杭州湾口和舟山群岛海域；其次是山东、江苏、福建、广东、海南和辽宁，共约占我国潮流能潜在量的 38%；其他省份沿岸海域潮流能资源较少。

1.1.4　温差能

海洋温差能亦称"海洋热能"，海洋表、深层海水间的温差储存的热能，其能量与表、深层温差和与深层海水具有足够温差的表层水量成正比。海水温差最小要达到 20℃才可能进行温差能发电。

海洋温差能比其他类型的海洋能资源储量大，全球海洋温差能资源量的理论值估计为 30 000 ~ 90 000 TWh/a(108 ~ 324 EJ/a)，广泛分布于热带海域。

我国渤海、黄海、东海温差能潜在量较小，南海和台湾以东海区水深较深，表层水温较高，蕴藏着丰富的温差能。我国南海区域温差能理论装机容量约为 $36\ 713 \times 10^4$ kW，技术可开发装机容量为 $2\ 570 \times 10^4$ kW。

1.1.5　盐差能

盐差能亦称"浓度差能"，指两种浓度不同的溶液间以物理化学形态贮存的能量。这种能量有渗透压、稀释热、吸收热、浓淡电位差及机械化学能等多种表现形态，目前最受关注的是渗透压形态。

盐差能是海洋能中能量密度最大的一种可再生能源，主要集中在河口处，其储量与江河的入海径流量和外海盐度值密切相关。全球盐差能的技术可开发量估计为 1 650 TWh/a(6 EJ/a)。

统计我国 22 条主要入海河流，盐差能理论装机容量约为 $11\ 309 \times 10^4$ kW，技术可开发装机容量约为 $1\ 131 \times 10^4$ kW。我国盐差能资源分布不均，上海、广东为盐差能资源丰富区。

1.2　海洋能技术

1.2.1　潮汐能技术

潮汐能发电技术是指建筑拦潮坝，利用潮水涨落形成的水位差——水头，使具有一定水头的潮水流过安装在坝体内的水轮机带动发电机发电的技术。

潮汐电站一般建在港湾或河口地区，由筑坝形成。潮汐电站的运行方式有单库单向、单库双向、双库单向、双库双向、多库等，电站的运行方式、经济性等因素决定了潮汐电站水轮发电机组的形式，通常可采用常规的竖轴机组、斜轴管式机组、卧轴灯泡式机组和贯流式机组，其中，灯泡型贯流式水轮发电机组是目前应用最广泛的潮汐发电装置。

潮汐能发电技术研究已有 100 多年的历史。国外利用潮汐发电应用始于欧洲，20 世纪 60 年代，第一个商业性电站——法国朗斯潮汐电站建成，70 年代开始，潮汐发电技术进入以大规模商业性生产为目的、以降低造价为目标的科研论证阶段，但 90 年代初开始，由于国际上环境问题的关注热点是生物多样性，因而制约了潮汐能发电技术的发展。直到 21 世纪初，气候变暖问题成为国际环境问题的新热点，潮汐能利用出现新的形势，潮汐能发电技术得以快速发展。目前，潮汐能发电技术在海洋能开发技术中最成熟，已经基本实现了市场化。国际上规模较大的潮汐电站有法国朗斯潮汐电站、韩国始华湖潮汐电站。

(1) 法国朗斯潮汐电站

法国朗斯潮汐电站(图 1.1)为单库双向型电站，位于法国西北部大西洋沿岸圣马洛湾的朗斯河口圣马洛以南 2.5 km 处，由法国电力公司于 1961 年动工建设，1967 年建成运行。电站装机容量 24×10^4 kW，安装 24 台单机容量 1×10^4 kW 的可逆贯流灯泡式机组，年发电量 5.44×10^8 kWh，目前运行正常，效益良好，该电站的成功运行，标志着潮汐能进入实用阶段。

图 1.1　法国朗斯潮汐电站

（2）韩国始华湖潮汐电站

韩国始华湖潮汐电站（图 1.2）为单库单向型潮汐电站，位于朝鲜半岛的西海岸，韩国京畿道安山市大福洞始华里，首都首尔市西南约 25 km 处，由韩国水资源集团公司（K - water）于 2004 年动工建设，2011 年正式运行发电。电站总装机容量 254 MW，安装了 10 台 25.4 MW 的灯泡贯流式水轮发电机组，是目前世界上最大规模的潮汐发电站。

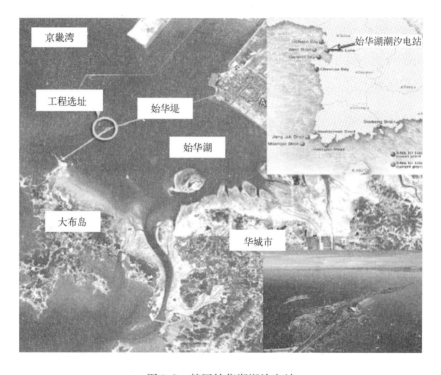

图 1.2　韩国始华湖潮汐电站

世界范围内，已计划开工建设多个超大型潮汐电站，如韩国的 1 000 MW 仁川湾潮汐电站、俄罗斯的 15 000 MW 美晋潮汐电站、加拿大的 3 800 MW 芬迪湾潮汐电站以及英国的 72 000 MW 塞文河口潮汐电站。但潮汐发电对环境有潜在的负面影响，近年来，"潮汐潟湖"发电受到各国的青睐，即在远离河口处的近海，利用天然地理环境或者新建设（单个或多个）蓄水设施进行发电，这样不仅能提供更加灵活和更大的电力输出，同时又很少或不会影响到河口脆弱的生态环境。

我国潮汐发电技术经过 50 多年的实践，是世界上建造潮汐电站最多的国家。20 世纪 50 年代以来，我国先后建造了近 50 座小型潮汐电站。80 年代中期大电网到达以前，建在海岛和偏僻沿海地区的小型潮汐电站曾为当地社会经济发展发挥了促进作用，但由于没有科学研究及正规的勘测设计，大多数电站已不再使用，目前仍在运行的仅有浙江江厦潮汐电站和海山潮汐电站。

(3) 江厦潮汐电站

江厦潮汐电站(图 1.3)是我国最大的潮汐电站，位于浙江温岭，采用单库双向工作方式，首台机组于 1980 年并网发电，2007 年，投入新型双向卧轴灯泡贯流式机组，电站的总装机容量由 3 200 kW 增至 3 900 kW，并于 2009 年、2012 年进行技术改造和增效扩容改造，提高了电站的自动化水平、安全水平及发电能力。

图 1.3　江厦潮汐电站

(4) 海山潮汐电站

海山潮汐电站(图 1.4)位于浙江玉环，为双库单向型潮汐电站，于 1975 年建成，是我国仍在运行的最早的潮汐电站。2008 年，电站更名为"浙江省玉环县双流潮汐发电有限公司"。电站装机容量 250 kW，目前正在实施技术改造工程，计划增容 2×250 kW。

图 1.4　海山潮汐电站

　　经过多年的研究发展，我国在潮汐电站规划选址、设计论证、设备制造安装、土建施工和电站运行管理等方面都取得了较大技术进步和积累了丰富的经验。小型潮汐能发电技术已基本成熟，已具备开发中型(万千瓦级)潮汐电站的技术条件。在海洋能专项资金等国拨经费的支持下，开展了乳山口、八尺门、马銮湾等多个万千瓦级潮汐电站工程预可研项目以及多个潮汐能发电新技术研究，并积极开展新型潮汐能发电利用研究，如利用海湾内外潮波相位差进行潮汐能发电，避免潮汐能发电因建坝对海湾的冲淤平衡和鱼类洄游等造成的不利影响。

1.2.2　波浪能技术

　　波浪能发电技术是利用波浪能发电装置将波浪的动能转换成电能，目前，研究人员已经设计了多种工作原理的波浪能发电装置。依据能量俘获系统划分，可以分为振荡水柱式、点吸收式(振荡浮子式)、收缩波道式、摆式等；依据能量传递方式划分，可以分为气动式、液压式、液动式和机械式等；依据波浪能装置系留方式划分，可以分为固定式、漂浮式；依据发电装置安装位置划分，可以分为岸式、近岸式、离岸式。虽然波浪能发电装置形式多样，但其总体技术特征一般包括三级能量转换系统：一级能量转换系统利用能量俘获装置将波浪能转换为机械能；二级能量转换系统将能量俘获装置的机械能转换为旋转动能，其主要作用是能量的传动或短期储存；三级能量转换系统将二级转换得到的能量通过发电机或其他设备转换成电能或其他有用的能量形式。

　　石油危机以前，人们对开发波浪能的意识淡薄，石油危机爆发以后，人们逐渐意识到能源的稀缺，努力试图寻找新的能源以代替石油，许多沿海工业化国家陆续开始研究开发波浪能，各类波浪能转换装置的设计实验层出不穷，波浪能发电技术逐渐发展起来，但直到近年来，随着英国、美国、挪威、澳大利亚、爱尔兰和丹麦等国相继投入大量资金进行波浪能发电装置的研究，才使波浪能发电技术得到迅速发展。目前，波浪能发电技术已接近实用化水平。

据文献统计，开展波浪能利用研究的国家有英国、日本、挪威、中国、丹麦、美国、西班牙、葡萄牙等 20 多个，欧洲的波浪能发电技术整体居于领先地位。近年来，各国政府积极为波浪能技术的开发提供支持，制定相关的发展战略、规划来促进波浪能发电技术的快速有序发展，采取相关的市场激励政策推动波浪能发电技术的商业化。目前，国际上的多种波浪能发电装置中，最为成熟的发电设备是英国的 Pelamis(海蛇)波浪能装置，该装置目前已基本实现商业运行。其他比较有代表性的、具有较好的商业价值的有澳大利亚 Oceanlinx 振荡水柱式波浪能装置、美国 PowerBuoy 振荡浮子式波浪能装置、英国 Oyster 摆式波浪能装置、丹麦 Wave Star 多点吸收式波浪能装置、丹麦 Wave Dragon 越浪式波浪能装置等。

(1) 英国 Pelamis 筏式波浪能装置

Pelamis 筏式波浪能装置(图 1.5)由英国苏格兰的 Pelamis 波力有限公司研制并投产，是世界上第一个商用波浪能电站。装置采用半潜式设计，适用于长波(涌浪)条件，水深超过 50 m 的海域，由通过铰接接头连接在一起、允许纵摇和艏摇的数个筒状构件组成，利用波传播的相位差使相邻的圆筒发生转动，驱动安装在两个筒之间的液压泵，利用液压发动机带动发电机发电。

Pelamis 公司自 1998 年开始研制 Pelamis 装置，于 2004 年 8 月成功实现了并网发电，2008 年，在葡萄牙 Aguçdoura 建成了世界上第一个商业化波浪能电站，由三台 Pelamis 装置组成，装机容量为 2.25 MW；之后，该公司对 Pelamis 装置进行了改进，研制了第二代 Pelamis 装置，该装置实现了浮筒间海上"可插拔"安装/拆解功能(海上安装时间仅耗时 90 min)，并于 2010 年在 EMEC 进行了并网发电试验。目前，Pelamis 公司与欧洲最大的电力公司之一 Vattenfall 公司成立了一家合资企业，在苏格兰西北部赫布里底群岛海域开发 Bernera 波浪能发电场，计划应用 14 台 Pelamis 装置，总装机容量 10 MW；在苏格兰 Sutherland 外海建设 Farr Point 波浪能发电场，装机容量为 15 MW 左右，已于 2011 年 4 月启动了环境影响评价工作。

图 1.5　英国 Pelamis 筏式波浪能装置

（2）澳大利亚 Oceanlinx 振荡水柱式波浪能装置

Oceanlinx 振荡水柱式波浪能装置由澳大利亚 Oceanlinx 公司研制，为近岸系统，运行时可采取漂浮方式或者固定安装在海底或岸边，系统利用 Denniss – Auld 水轮机进行发电。

Oceanlinx 公司波浪能装置研发，先后经历了 MK1 全比例样机、MK2 1/3 比例样机以及 MK3 预商用样机等阶段（图 1.6）。Oceanlinx 公司目前定型产品包括 greenWAVE、blueWAVE 及 ogWAVE。greenWAVE 是浅水型坐底式产品，安装水深 10 m 左右，在波况较好的情况下，一个 greenWAVE 发电功率可达 1 MW；blueWAVE 是中等水深型锚泊式产品，布放水深 40 ~ 80 m，由 6 个振荡水柱式装置组成；ogWAVE 是深水型锚泊式产品，应用水深大于 40 m，尤其适用于深远海石油平台供电。

图 1.6　澳大利亚 Oceanlinx 公司波浪能装置

(3) 美国 PowerBuoy 振荡浮子式波浪能装置

PowerBuoy 振荡浮子式波浪能装置(图1.7)由美国 Ocean Power Technologies(OPT)公司研发，该装置是一个漂浮式点吸收浮标，利用双向点吸收理念，通过浮标内外两部分的相对运动来工作，浮标内层为长圆柱体结构，外层为水平环形，其形状和浮力可使其保持在水面附近随波浪振荡，浮标内部由垂直管组成，管内包含可压缩空气。入射波压缩空气，随着波峰的临近，浮标内层向下运动，使得浮标内外两部分做异相振荡，从而驱动传动装置实现发电，并可通过水下电缆将电力输送至岸上。该装置布放深度只要大于35 m，波高大于0.3 m 即可发电，可以为任何离岸的测量传感器(搭载在浮标上部、水面以下及浮标周围海域)提供相对高水平的供给能源。此外，安装在PowerBuoy 上的传感器可持续监视系统的整体性能和周围海洋环境情况，并将数据实时传输至岸上。若有巨浪袭来，系统将自动上锁并停止发电。当波高恢复至正常值时，系统解锁并重新开始发电。

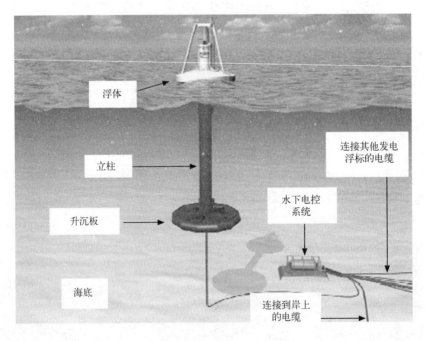

图 1.7　美国 PowerBuoy 振荡浮子式波浪能装置

OPT 公司已在世界各地布放了11套系统，主要集中在美国、英国、加拿大等海域，应用于海事安全、船只监测、自治式水下潜器充电以及补充电源等领域。

(4) 英国 Oyster 摆式波浪能装置

Oyster 摆式波浪能装置(图 1.8)由英国 Queen's University Belfast 的 Trevor Whittaker 教授于 2001 年研发,Aquamarine Power 公司 2005 年对装置进行产业化。该装置由液压缸和固定在近岸海底的浮力摆板组成,浮力摆板由一组垂直排列的漂浮管组成,与底部基座由铰接连接,可最大限度地减少摆的重量,波浪使浮力摆板摆动并驱动液压缸,通过海底管道将高压水输送上岸,以驱动岸上的水轮机组发电。多个 Oyster 装置可以通过多路管道将高压水泵入同一岸基发电系统。Oyster 波浪能发电装置特点可概括为:结构简单、生存性高、岸基发电。

图 1.8　英国 Oyster 摆式波浪能装置

Oyster 于 2003 年开始模型试验。2009 年,Oyster 1 - 315 kW 型全比例样机实现并网发电,并一直运行到 2011 年 3 月。目前,两台 Oyster 800 - 800 kW 型全比例样机在英国 EMEC(欧洲海洋能源中心)进行业务化测试并实现并网发电,Oyster 800 型(图 1.9)是世界上第一个通过第三方(DNV - Det Norske Veritas AS)认证的波浪能装置。

图 1.9 英国 Oyster800 波浪能装置

(5)丹麦 Wave Star 多点吸收式波浪能装置

Wave Star 多点吸收式波浪能装置(图 1.10)由丹麦 Wave Star Energy 公司研制,装置固定于海底的平台两侧各有数个浮子从杠杆臂垂下,通过每个浮子的垂直振荡驱动液压活塞,从而驱动液压马达发电。Wave Star 波浪能装置专为离岸 10~20 km 近海区域设计。

图 1.10 丹麦 Wave Star 多点吸收式波浪能装置

2006 年，1∶10 比例样机(5.5 kW)在丹麦 Nissum Brednig 实现并网发电；2010 年，1∶2 比例 Wave Star 示范电站(110 kW)在 Hanstholm 建成并实现并网发电。目前，Wave Star Energy 公司正在研制 C6 – 600 kW 型 Wave Star，该装置在有效波高为 2.75 m、波周期 4.5 s 的条件下，输出功率可达 600 kW。C6 – 600 kW 型 Wave Star 具备风暴保护模式，其所有液压和发电设备被安装在水线以上，在风暴期间浮体能够抬升，使其远离海面以避免风暴对设备的破坏。

(6)丹麦 Wave Dragon 越浪式波浪能装置

Wave Dragon 越浪式波浪能装置(图 1.11)由丹麦 Wave Dragon 公司研制，该装置基于收缩波道原理，利用呈扇形布置的两个导波墙将海浪引入装置中心，并通过低水头水轮机组发电。Wave Dragon 通过调整开放式气室的气压，不断调整自体的漂浮高度，从而适应不同波高的波浪，以实现最大的波浪俘获能力。

2003 年，该公司在 Nissum Brednig 试验了 20 kW 型样机，并实现了并网发电，累计运行了 20 000 多小时；2011 年开始，该公司又设计了宽 170 m 的 1.5 MW 型 Wave Dragon，2012 年开始制造。目前，Wave Dragon 已在多个国家开展了波浪能应用项目研究。

我国从 20 世纪 70 年代开始研究波浪能开发利用技术，进入 80 年代，波浪能技术得到较快发展，近年来，在国家相关计划和专项资金的支持下，波浪能技术得到快速发展。我国的波能利用技术已基本实现了自主创新，部分装置已经历了实验室试验研究、实海况应用示范阶段，设计和建造中的问题也已基本解决，已具备应用条件，下一步的目标是建造达到商业化利用规模的波能装置，降低成本、提高效率和可靠性。

近年来，随着国家对海洋能发电技术的重视与投入，波浪能的开发利用也迎来了发展的春天，国内涌现出多家科研单位从事波浪能利用技术研究，研发了多种形式的波浪能装置，如国家海洋技术中心的摆式波浪能装置、中国科学院广州能源研究所的鸭式和鹰式波浪能装置、山东大学的振荡浮子式波浪能装置等，并建立了一些波浪能示范电站，取得了一定进展。

(7)国家海洋技术中心浮力摆式波浪能装置

国家海洋技术中心通过承担的科技支撑项目，研制了 100 kW 浮力摆式波浪能装置(图 1.12)。该装置由摆板(波浪俘获系统)、液压传动系统和电控系统三部分组成。摆板的摆轴位于摆板底部,摆板在波浪的作用下偏离平衡位置,此时摆板在浮力作用下向平衡位置恢复,同时摆板还受到重力和水的阻力的作用,从而使摆板绕摆轴前后摆动,摆板的输出端连接液压泵,液压泵把机械能转换为液压能,然后通过液压马达驱动发电机发电,并将电能输出至电控系统。

图 1.11   丹麦 Wave Dragon 越浪式波浪能装置

图 1.12   国家海洋技术中心浮力摆式波浪能装置

浮力摆式波浪能发电装置采用模块化设计,由 2 个独立发电系统和电控系统组成。2012 年 7 月起在大管岛海域试运行,经受了 12 级台风的考验,在试验海域的小波浪条件下也能够稳定发电。目前该电站在山东省即墨市大管岛进行示范运行。在 2013 年海洋能专项资金支持下，青岛海纳重工集团公司与国家海洋技术中心启动了 50 kW 摆式波浪能发电装置定型设计项目，通过优化提高装置的波浪能转换效率，并提高装置的生存度和可靠性。

(8) 广州能源研究所鸭式波浪能装置

在 863 计划、国家科技支撑计划、海洋能专项资金等的支持下，广州能源研究所持续开展了鸭式波浪能发电装置研发工作，并开展了海上试验。鸭式波浪能装置(图 1.13)由鸭体、水下浮体、系泊系统、液压转换系统和发配电系统组成，通过鸭体与水下浮体之间的相对运动俘获波浪能，水下浮体具有水平板结构和铅垂板结构，在运动时能够带动周边的海水一起运动，形成附加质量，达到抑制水下浮体运动的目的。

图 1.13　广州能源研究所鸭式波浪能装置

中国科学院广州能源所于 2006 年年底开展鸭式技术的研究，2009 年，第一台 10 kW 鸭式装置在广东大万山岛海域开展了海试，针对海试中出现的问题，在效率、安全性、可靠性等方面进行不断的改进，至 2013 年，100 kW 漂浮式鸭式装置("鸭式三号")进行了海试。鸭式波浪能技术在整体转换效率、系统运行监控技术、装置抗台风技术等方面积累了大量经验，为后续的鹰式波浪能装置研发奠定了良好基础。

(9) 广州能源研究所鹰式波浪能装置

广州能源研究所在 2011 年海洋能专项资金研究与试验项目的支持下，开展了"鹰式"波浪能发电技术的研究工作。鹰式波浪能装置(图 1.14)主要由轻质波浪能吸收浮体、液压缸、蓄能器、液压马达以及电机组成。波浪能吸收浮体和相关转换设备安装在一体多用的半潜船上，降低了装置的运营成本。

2012 年，10 kW 小比例样机"鹰式一号"在珠海市大万山岛附近海域投放并发电。在 2013 年海洋能专项资金支持下，中海工业有限公司和广东能源研究所联合承担了"100 kW 鹰式波浪能发电装置工程样机研建"，将实现鹰式波浪能装置发电技术定型化设计。

图 1.14　广州能源研究所鹰式波浪能装置

(10) 山东大学振荡浮子式波浪能装置

山东大学在 2010 年海洋能专项资金支持下，开展了 120 kW 振荡浮子式波浪能装置研制工作，完成了实海况装置试验。振荡浮子式波浪能装置（图 1.15）由硬舱及垂荡板模块、主体立柱模块、潜浮舱模块、发电室支架模块、发电室模块、系泊装置模块六大模块组成。平衡位置时总高为 30.77 m，总重约为 93 t。

2012 年 11 月，在山东成山头海域开展了海上试验，目前正在提升装置的抗风浪能力及防腐能力。

图 1.15　山东大学 120 kW 漂浮式液压波浪发电站

(11) 华南理工大学摆式振荡浮子波浪能装置

广东省海洋与渔业服务中心和华南理工大学在 2010 年海洋能专项资金支持下，联合研制了适应低能流密度的摆式振荡浮子波浪能装置(图 1.16)，并于 2012 年在南海海域进行了海试。该装置在浮式基础上布置阵列摆板，摆式装置主要由能量转换系统、浮式基础及其压载系统、锚泊定位系统、电能转换及控制系统、通讯系统和监控系统组成。

我国波浪能利用技术研究经过 30 多年的发展，目前已形成摆式、点吸收式和筏式 3 个技术方向，在波浪能发电的关键技术方面取得了重大突破。波浪能发电装置已逐渐由小功率、沿岸、单一化向大功率、漂浮式、多样化的研究方向发展。此外，我国还积极开展了波浪能示范电站的建设，如大管岛多能互补示范电站、大万山岛多能互补示范电站等，以多能互补促进波浪能技术的发展，逐步推动我国波浪能发电技术走向实用化。

分析国内外波浪能技术的发展可以看出，波浪能技术已经向大型化、多样化、漂浮式、综合利用方向发展，振荡水柱式、摆式、筏式技术近年来日趋成熟，虽存在转换效率、抗灾能力等方面的问题，但各国在优化现有技术基础上，积极研发新技术，波浪能技术得到迅速发展，并从近岸应用向深远海应用发展。

图 1.16 华南理工阵列摆式波能发电装置

1.2.3 潮流能技术

潮流能发电技术是指利用朝着一个方向持续不断流动的潮流推动水轮机进行发电的技术。潮流能发电装置直接置于水中，通过水的流动产生能量，最适合建在狭窄水道或者其他流速较高的海域。依据转换装置的工作原理划分，可分为轴流式、横流式、往复式等；依据水轮机类型划分，可分为水平轴式和垂直轴式。

水平轴式潮流能发电装置旋转轴为水平安装，水流方向与旋转轴平行，利用水流推动桨叶旋转发电，其优点是转换效率较高，缺点是改变方向较难。按照结构不同，水平轴式潮流能水轮机可分为风车式、空心贯流式和导流罩式三种。

垂直轴式潮流能发电装置旋转轴与水流方向垂直，水轮机通过叶轮捕获潮流能，海水流经桨叶产生垂直于水流方向的动力，使叶轮旋转，通过机械传动，驱动发电机发电，其优点是可以在任何方向的潮流下工作，缺点是转换效率比水平轴潮流能水轮机低。按照桨叶安装形式不同，可以分为直叶片（与旋转轴平行）和螺旋形叶片两种。

潮流能技术研究始于 20 世纪 70 年代初，与其他海洋能相比，起步较晚。美国科学家于 1973 年首先提出采用巨型水轮发电机组（科里奥利系统）利用佛罗里达潮流能的方案，标志着潮流能开发利用技术研究取得实质性进展。但

1970—1980 年期间，潮流能技术发展缓慢。90 年代初起，潮流能技术逐渐发展成熟。目前，潮流能逐步向大型化发展，潮流能技术已接近商业化应用阶段。从事潮流能开发的国家主要有美国、英国、加拿大、德国、意大利、日本和中国等，开发了很多具有发展潜力的潮流能发电装置，如英国的 SeaGen 和 Atlantis 潮流能装置、爱尔兰的 Open – Centre 潮流能装置、加拿大的 En-Current 和美国的 Gorlov 潮流能装置等。其中，英国、美国、加拿大等发达国家走在前列，英国的潮流能发电已基本进入商业化运作阶段。

(1)英国 SeaGen 风车式潮流能装置

SeaGen 风车式潮流能装置（图 1.17）由英国 Marine Current Turbines（MCT）公司研制，发电机组为水平轴式。SeaGen 是对 SeaFlow 改进后的潮流能发电装置，SeaFlow 最大发电功率 300 kW，是世界首台大型轴流式潮流能发电装置，于 2003 年完成海试。此后，MCT 公司改进 SeaFlow 装置，提高整机的紊流系数，研制了 1.2 MW 的 SeaGen，并于 2008 年实现并网发电。MCT 公司正在研制 SeaGen SMK 2 装置，额定功率 2 MW。

图 1.17　英国 SeaGen 风车式潮流能装置

SeaGen 是世界上首台商用潮流能发电装置，是英国向商业化开发潮流能迈进的标志性一步。

(2)爱尔兰 Open – Centre 空心贯流式潮流能装置

Open – Centre 空心贯流式潮流能装置（图 1.18）由爱尔兰 Open Hydro 公司研制，该装置无轴，由固定的外部环和内部的旋转盘组成，内外两部分分别布置线圈和永久磁铁，组成了一台永磁发电机，具有低转速、低启动流速的特点。

Open Hydro 公司从 2006 年起在 EMEC 先后测试了 6 台 Open – Centre 潮

流能装置，2008 年该公司研制的 250 kW 示范样机在欧洲海洋能源中心成功并网发电。在商业化开发方面，Open Hydro 公司于 2010 年 3 月在英国获得 200 MW 开发资格许可，2012 年 10 月在爱尔兰获得 100 MW 开发资格许可，其全球销售额潜力约为 1 000 亿~2 000 亿欧元。

图 1.18　爱尔兰 Open – Centre 空心贯流式潮流能装置

(3) 英国 Atlantis 导流罩式潮流能装置

Atlantis 导流罩式潮流能装置(图 1.19)由英国 Atlantis 资源公司(Atlantis Resources Corporation)研制。Atlantis AS – 400 潮流能发电装置的水轮机采用独特的后掠叶片设计和控制系统以优化其效率，该装置于 2008 年进行了海上拖曳试验。Atlantis AR – 1000 潮流能发电装置具有商业规模，于 2011 年安装在欧洲海洋能源中心进行试验，并于 2012 年进行了进一步测试。

图 1.19　英国 Atlantis 导流罩式潮流能装置

(4) 加拿大 EnCurrent 横流式潮流能装置

EnCurrent 横流式潮流能装置(图 1. 20)由加拿大 New Energy 公司(New Energy Corporation Inc.)研制,其工作原理是基于达里厄型(Darrieus)风力涡轮机。当水轮机转子放置在水流中,水翼产生向前方向的升力矢量可被正旋轴捕获,当水流以切线方向经过,水翼在其旋转的顶部和底部经受最大正向转矩,水轮机在同一方向旋转,不管水流方向如何,都可捕获水流中 35% 和 40% 的能量。水轮机轴安装有永磁发电机,可将转子产生的转矩转换成电力。

EnCurrent 装置包括 5 kW、10 kW 和 25 kW 三种机型。2007 年,5 kW 型 EnCurrent 在加拿大 Manitoba 湖进行测试,经改进后再次布放并实现并网发电;2008 年,5 kW 型 EnCurrent 在美国阿拉斯加进行了并网发电运行试验。该公司正在研发的 125 kW 和 250 kW 级 EnCurrent 装置可用于兆瓦级潮流能示范电站。

图 1. 20 加拿大 EnCurrent 横流式潮流能装置

(5) 美国 Gorlov 螺旋潮流能装置

Gorlov 螺旋潮流能装置(图 1. 21)由美国 GCK 技术有限公司研制,是螺旋形叶片垂直轴潮流能发电装置的典型机型,于 2006 年在美国马萨诸塞州阿姆斯伯利进行试验。2009 年,1 MW Gorlov 潮流能发电装置在韩国珍岛潮流能发电场投入运行。

我国较系统地研究潮流能发电技术始于 20 世纪 80 年代,主要参研单位是哈尔滨工程大学,90 年代以来,我国开始计划建造潮流能示范应用电站,在“八五”、“九五”科技攻关中均对潮流能发电进行了立项研究,潮流能技术获得较快发展。近年来，在国家相关计划和专项资金的支持下，潮流能技术得到快速发展，哈电集团、中节能公司、中国海洋大学、哈尔滨工业大学、大连理工大学等国内知名企业和高校加盟，研制了一批水平轴、垂直轴潮流能发电装置，极大地促进了潮流能发电技术的研发进程。

图 1.21　美国 Gorlov 螺旋潮流能装置

(6)哈尔滨工程大学"海能 I"垂直轴潮流能装置

"海能 I"垂直轴潮流能装置(图 1.22)是由哈尔滨工程大学联合山东电力工程咨询院有限公司等单位在国家 863 计划和国家科技支撑计划支持下研制的，采用漂浮式双立轴叶轮直驱发电机进行发电。该装置由漂浮载体、锚固系统、水轮发电机组、电能变换与控制、电力传输与负载系统五部分组成。

2012 年，"海能 I"潮流能装置布放到浙江岱山龟山水道开展海试。2013年，"海能 I"潮流能装置因机械故障停止发电。

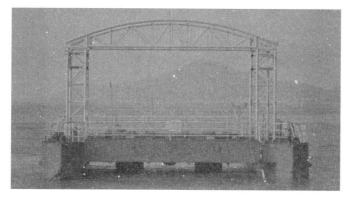

图 1.22　哈尔滨工程大学"海能 I"垂直轴潮流能装置

(7)哈尔滨工程大学"海明 I"水平轴潮流能装置

"海明 I"水平轴潮流能装置(图 1.23)由哈尔滨工程大学设计开发,是我国自行研制的第一座长期示范运行的坐海底式潮流能独立发电系统,分为有导流罩和无导流罩装置两种结构形式。

图 1.23　哈尔滨工程大学"海明 I"水平轴潮流能装置

2011 年 9 月,"海明 I"潮流能装置投放于浙江省岱山县小门头水道并进行了海试并发电,装置经海底电缆将电能输送至仙洲桥灯塔,为灯塔供电。在海洋能专项资金支持下,在"海明 I"潮流能装置的基础上,哈尔滨工程大学与哈尔滨电气集团开展产品化定型工作。

(8)东北师范大学水平轴潮流能装置

东北师范大学在国家科技支撑计划支持下,研制了 20 kW 水平轴自变距潮流能发电装置(图1.24),该装置采用了具有自主知识产权的新型摆尾式潮流发电机调向机构,具有无源自控、自动适应双向潮流的功能。

图1.24 东北师范大学水平轴潮流能装置

2013年4月,该装置在山东青岛斋堂岛海域开展海试。在2013年海洋能专项资金支持下,杭州江河水电科技有限公司与东北师范大学在该装置的技术基础上,启动建造单台300 kW(2×150 kW)水平轴潮流能发电机组定型样机。

(9)中国海洋大学"海远号"潮流能发电装置

"海远号"潮流能发电装置(图1.25)采用变桨矩控制技术和半直驱传动系统,装机容量100 kW,转换效率大于30%,具有机组运行状态水下监控、电力变换与系统控制功能,可实现机组运行状态的实时监测与控制。该装置采用塔架式支撑结构和重力式基础,坐海底安装。2013年8月,布放于青岛市斋堂岛东南侧海域进行海试。

潮流能发电技术未来追求的主要目标仍在提高转换效率(高适应性)、降低发电成本、提高可靠性和易维护等方面,在技术发展方向上,发展能适应不同来流方向的大型潮流发电机组,为规模化开发应用奠定基础。

图 1.25 中国海洋大学"海远号"潮流能发电装置

1.2.4 温差能技术

海洋温差能发电技术利用海水表层及深层间的温度差进行发电,其基本原理是用海洋表面的温海水加热某些低沸点工质并使之汽化,或通过降压使海水汽化以驱动发电机发电,同时利用从海底提取的冷海水将做功后的乏汽冷凝,使之重新变为液体,形成系统循环。依据构成热力循环系统所用工质及流程划分,可分为闭式循环、开式循环、混合式循环三种。

尽管海洋温差能发电的概念是一个多世纪以前提出的,但是在近 30 多年来才取得了实质性进展。到目前为止,仅有美国和日本等几个国家在海上建造了温差能试验电站或装置,如美国在夏威夷岛建立了开式循环和闭路循环温差能电站,日本建立了混合循环温差能电站,温差能发电技术已接近成熟,但尚未达到商业化水平。

(1)美国夏威夷开式循环温差能电站

夏威夷开式循环温差能电站(图 1.26)由美国夏威夷自然能源研究所(Natural Energy NELHA)研建,电站于 1992 年建成,从 1993 年运行至 1998年,额定功率为 255 kW,高峰产量为 103 kW 和 0.4 L/s 的淡水。

图 1.26　美国夏威夷开式循环温差能电站

(2) 美国夏威夷闭路循环温差能电站

夏威夷闭路循环温差能电站（图 1.27）由美国夏威夷自然能源研究所（Natural Energy NELHA）于 1979 年研建，该电站建立在一个浮动的驳船上，使用氨为工质。一年后，建立了另一个漂浮海洋热能转换电站——OTEC - 1，该电站使用同样的闭路循环系统，额定功率为 1 MW，主要用于示范试验，没有安装涡轮机，1981 年运行了四个月。

图 1.27　美国夏威夷闭路循环温差能电站

（3）日本混合循环温差能电站

日本佐贺大学海洋能源研究所（IOES）于 2006 年开发了一个 30 kW 的小比例海洋热能转换电站（图 1.28），成功发电。其基础是水/氨混合液作为工质。

图 1.28　日本混合循环温差能电站

我国从 20 世纪 80 年代初开始研究温差能发电技术，但进入 90 年代后终止了研究，直到近年来，在海洋能专项资金、国家科技支撑计划等的支持下，国家海洋局第一海洋研究所研制了 15 kW 温差能发电装置，国家海洋技术中心开展了海洋观测平台温差能供电技术研究，推动了温差能技术的发展。

（4）15 kW 温差能发电装置

15 kW 温差能发电装置（图 1.29）由国家海洋局第一海洋研究所在"十一五"国家科技支撑项目支持下研制，成功研制了 15 kW 微型氨透平，并开展了电厂温排水温差能发电试验。

在 2013 年海洋能专项资金支持下，国家海洋局第一海洋研究所启动了"海洋温差能开发利用技术研究与试验"项目，继续对氨透平发电效率及系统循环效率进行优化提升。

图 1.29 15 kW 温差能发电装置

(5) 海洋观测平台温差能供电技术

在 2011 年海洋能专项资金支持下，国家海洋技术中心开展了海洋观测平台温差能供电关键技术研究与试验，目前开展了原理验证试验，研建了适用于温差能观测平台能量转换的液压系统(图 1.30)，正在开展热能转换装置样机测试工作。

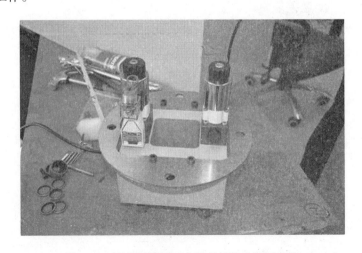

图 1.30 温差能观测平台能量转换的液压系统

目前，海洋温差能发电装置的一些关键技术已经有所突破，并通过一些试验、示范取得了相关的研究、运行经验，但目前的研究大多针对小型温差能发电系统，大于 10 MW 的离岸式海洋温差能发电装置目前还处于概念设计阶段，对具有商业化开发前景的海洋温差能发电装置的研制尚面临着诸多技术问题以及经济可行性的挑战。

1.2.5　盐差能技术

海洋盐差能发电技术利用河口海水中咸淡水交界面储存的能量进行发电，目前海水盐差能发电技术主要有渗透压法、蒸汽压法和反电渗析电池法三种。

渗透压法是利用不同浓度溶液之间的渗透压差进行发电，该方法需要通过半透膜实现。渗透压法发电装置通常可分为强力渗压发电、水压塔渗压发电和压力延滞渗压发电三种。蒸汽压法是利用不同浓度溶液之间饱和蒸汽压的不同进行发电。反电渗析电池法采用阴离子渗透膜(只允许阴离子通过)和阳离子渗透膜(只允许阳离子通过)交替放置，中间的间隔处交替充以淡水和盐水。在以盐度为 0.85 的淡水和海水作为膜两侧溶液的情况下，界面由于浓度差而产生的输出电位差约为 80 mV。如果把多个这类电池串联起来，可以得到串联电压，形成电流。试验证明，从平均功率密度和能量回收率角度比较，渗透压法和蒸汽压法更适合盐湖的盐差能利用，而反电渗析电池法更适合对江湖入海口的盐差能利用。

盐差能发电技术的研究始于 1973 年，以色列科学家首先研制了一台浓差能实验室发电装置，证明了发电的可能性，并提出了盐差能作为一种新能源的设想。随后，美国、日本等国家相继开展盐差能技术的基础理论和原理性实验研究工作，尚未开展对能量转换技术本身的研究，盐差能技术发展缓慢。近年来，随着海洋能发电技术的迅速发展，盐差能发电逐渐进入实用领域。盐差能发电空间广阔，但现阶段开发利用盐度差能资源的难度还很大，其发电技术研究仍处于实验室水平，离示范应用还有较长的距离。目前，国际上典型的盐差能装置有挪威的压力延滞渗透盐差能装置、荷兰的反电渗析盐差能装置和美国的 Hydrocratic 盐差能装置等。

(1)挪威压力延滞渗透盐差能装置

挪威压力延滞渗透盐差能装置(图 1.31)由 Statkraft 公司研制，利用水透过渗透膜的选择性扩散原理，给海水增压。淡水和海水经过预处理后分别进入装置渗透膜两侧的淡水室和海水室，由于半透膜两侧的渗透压差，80%~90%的淡水向海水渗透，从而使高压海水体积增大。通过这个渗透过程，盐差能转化为压力势能。

图 1.31　挪威压力延滞渗透盐差能装置

(2)荷兰反电渗析盐差能装置

荷兰反电渗析盐差能装置(图 1.32)由荷兰可持续水利中心(Center of Excellentce for Sustainable Water Technology，WESTUS)研制，该装置的形式是一系列堆叠膜，在海水和淡水交替流经每对膜之间时，其中的一半膜能渗透钠，另一半能渗透氯。堆叠膜控制水中钠和氯离子的扩散，进而导致金属阳极和阴极发生氧化-还原反应。目前，已经对 100 mW 小比例样机进行了试验。

图 1.32　荷兰反电渗析盐差能装置

（3）美国 Hydrocratic 盐差能装置

Hydrocratic 盐差能装置（图 1.33）由美国 Wader 有限责任公司研制，该装置不使用膜而从盐差中获取电能，将带孔的管子安装在海底，水轮机垂直安装在管内，并连接到管道下面的发电机，淡水注入管道底部，淡水和海水的混合产生比最初注入淡水时更大的向上微咸水流，利用这种流动驱动水轮机组发电。已经在海上进行了通过装置水流量的基本试验。

我国从 20 世纪 80 年代初开始研究盐差能发电技术，但该技术的研究尚处于实验室原理性研究的初步阶段。近年来，在国家的支持和推动下，盐差能发电技术研究取得一定进展。中国海洋大学在 2013 年海洋能专项资金支持下，启动了"盐差能发电技术研究与试验"项目，采用渗透压能法进行发电，原理样机装机功率将不低于 100 W，系统效率不低于 3%。

渗透压能法和反电渗析法的核心是渗透膜。目前采用这两种方法发电的成本都很高，设备投资大，能量转化效率低，能量密度小，应该提高单位膜面积的发电功率。蒸汽压能法虽然发展缓慢，这种方法使用的装置庞大、投资高，但它的最大优势是不需要使用渗透膜，从而避免了与渗透膜有关的技术问题。但是，蒸汽压差法必须保持浓淡两侧的温差、浓度差不变，否则装置工作一段时间后将停止运作。

图 1.33　美国 Hydrocratic 盐差能装置

随着高效、耐久、廉价渗透膜的研制，盐差能发电的成本将不断降低，能效和功率密度将不断提高，对于缓解化石能源的紧张供给将会产生重要的作用。

1.3　海洋能产业

"产业"作为一种思想由来已久，国内外对产业的定义随着时代的发展也不断地完善。麻省理工学院《现代经济学词典》（1983）对产业的定义为：在完全竞争市场结构下，产业指生产同类同质商品的、相互之间处于既合作又竞争状态的一大群厂商构成的一个团体，这些厂商生产的商品的总供给量等于这个团体的总需求量，这个团队被称为产业。若处于完全垄断或垄断竞争结构中，该厂商代表了该产业或主要代表了该产业。

考虑到海洋能资源的特殊性，海洋能产业指的是以波浪能、潮汐能、潮流能、温差能、盐差能、海上风能等海洋能资源为依托的新兴能源产业，该产业内所有厂商生产同类或同质商品，相互之间处于既竞争又合作的状态，商品多以专利、发明、发电设备等形式产出，对我国能源行业发展具有重要的作用，将这样一群厂商构成的团体称为海洋能产业。

1.3.1 国外海洋能产业发展现状分析

1.3.1.1 发达国家海洋能产业发展战略和政策

随着全球化石能源的日趋短缺以及应对全球气候变暖的挑战,海洋可再生能源作为战略性资源已经得到国际上的普遍认同。许多国家早在 20 世纪 90 年代初就通过国家立法和制定相关政策,从确立发展目标、提供资金支持、实施激励政策、支持行业发展等方面,引导和激励海洋可再生能源技术的发展,并将其作为新兴战略产业加以培育和推进。

(1) 发展目标明确

为了应对减少对化石能源的依赖,发达国家纷纷将海洋能的发展列入国家战略,制定发展规划,有计划、有步骤地推进海洋能技术和产业的发展,编制了技术路线图,明确了发展目标。英国宣布到 2020 年,其所属海域波浪能和潮汐能招标总装机容量达 1.6 GW,届时其海洋能发电量将占到总供给的 3%;爱尔兰宣布到 2020 年,海洋能装机总量将达到 500 MW,为此于 2008—2010 年提供了 2 700 万欧元财政支持;日本宣布到 2020 年,仅潮流能装机容量达 130 MW,2030 年更是增加到 760 MW,重点发展的温差能到 2020 年单机容量达 10 MW,并实现商业化运行(见表 1.2)。

表 1.2 发达国家明确海洋能发展目标(部分)

序号	政策分类	国家/组织	发展目标
1	预测性目标	英国	2020 年 3% 的电力来自海洋能
2		加拿大	制定 2050 年海洋能路线图
3	立法目标	爱尔兰	2020 年装机总量达 5×10^5 kW
4		葡萄牙	2020 年装机总量达 5.5×10^5 kW
5	预测性目标	日本	2020 年潮流能装机到 1.3×10^5 kW
			2020 年温差能单机容量达 10 MW

(2) 提供资金支持

针对海洋能设备样机研发、示范应用、试商业化运行、商业化应用等不同阶段,各国采取不同的政策对其提供资金支持。英国为应对样机研发阶段面临的技术风险和应用阶段的海上运行风险,专门成立了海洋可再生能源试验基金(MRPF),仅 2010 年,就为 6 家相关公司提供了 2 800 万英镑的资金支持,在商业化应用阶段,也设有总额达 5 000 万英镑的海洋可再生能源应用基金(MRDF),加快了相关设备的商业化进程。苏格兰政府更是于 2008 年设立了"蓝十字奖",为首个实现累计发电量达 1×10^8 kWh 的机构提供 1 000 万英镑的奖励;爱尔兰海洋能国家战略针对上述四个阶段布置不同的重点任务,其中示范应用阶段投资就达到了 2 700 万欧元;新西兰成立的海洋能应用基金(MEDF),四年投入了 800 万美元发展海洋能(见表 1.3)。

表 1.3 发达国家为海洋能发展提供资金支持

序号	支持阶段	国家/组织	支持方式
1 2	研发阶段补助	美国	美国能源部风力和水电计划,提供研发和市场化补助
3	样机阶段补助	英国	设立海洋可再生能源试验基金
4		新西兰	设立海洋能应用基金
5	应用阶段补助	英国	设立海洋可再生能源应用基金
6	奖励	苏格兰	设立"蓝十字奖",为首个发电量达 1×10^8 kWh 的机构提供 1 000 万英镑奖励

(3) 实施激励政策

欧洲各国为鼓励企业参与可再生能源技术的研发和应用,普遍采取强制上网电价制度。例如,到 2030 年,爱尔兰承诺波浪能和潮流能的强制上网电价达到 0.22 欧元/kWh;意大利海洋能上网电价回购价达到 0.34 欧元/kWh;德国为 5 MW 以上装机容量的提供 0.086 5 欧元/kWh 强制上网政策;英国出台了《可再生能源义务政策》,为各电力供应商设置强制性的"义务电量指标",电力供应商可直接开发海洋可再生能源,来完成其规定指标,也可以采用向其他供应商购买海洋能发电量指标,达到政府规定指标(见表 1.4)。

表 1.4 发达国家明确海洋能发展激励政策

序号	激励政策	国家/组织	强制上网电价
1	强制上网 电价	意大利	0.34 欧元/kWh
2		爱尔兰	0.22 欧元/kWh
3		德国	5 MW 以上装机容量 0.086 5 欧元/kWh
4	交易证制度	英国	可再生能源义务体系——海洋能发电实施交易证制度

（4）支持产业发展

国外发达国家把促进海洋能产业发展作为满足国家需求的重要战略，在海洋能技术发展的前期就提前部署海洋能产业的模式，尤其是在成立产业协会、鼓励集群发展等方面提供资金和政策支持。爱尔兰和新西兰为海洋可再生能源产业协会提供财政支持，以鼓励行业发展；英国为海洋可再生能源产业的区域发展提供补助，以鼓励产业的集群发展（见表 1.5）。

表 1.5　发达国家支持海洋能产业发展

序号	政策分类	国家/组织	发展目标
1	行业和区域发展补助	苏格兰	鼓励集群发展
2		英国	
3	产业协会	爱尔兰	政府提供财政支持
4		新西兰	鼓励成立产业协会

（5）加强基础条件平台建设

针对海洋能设备海上试验阶段面临的高风险、重复投资等问题，各国在适当发展不同种类海上测试场的基础上，均谋求建设联合大型综合性海洋能海上测试场或测试平台，以集中解决一些共性难题，如许可证审批、电力入网、环境监测、海上作业等问题。例如，苏格兰成立了具有 7 个试验泊位的欧洲海洋能源中心，为欧洲各国提供波浪能和潮流能发电装置测试场；英国建立了具有 4 个独立泊位的波浪能海上中心，为各式波浪能设备提供设备接入设施，最大可容许 20 MW 波浪能装机容量，未来将提高至 50 MW；美国也成立了国家海洋能源中心，为全国海洋能设备提供波浪能、潮流能、温差能技术测试平台（见表 1.6）。

表 1.6　发达国家鼓励海洋能基础条件平台建设

序号	政策类型	国家/组织	平台建设
1	国家海洋能源中心	美国	俄勒冈/华盛顿波浪能/潮流能中心 夏威夷温差能/波浪能中心
2	立法目标	苏格兰	欧洲海洋能中心
3		加拿大	Fundy 海洋能研究中心
4	海上网络中心	英国	波浪能网络中心 设备接入设施

(6) 注重基础标准研制

国际电工技术委员会制定了波浪能、潮流能、海流能等国际标准，先期进入的海洋可再生能源企业获得优先发展；由欧洲23个国家参与的海洋能设备性能、成本和环境影响的公平测试和评估（EquiMar）计划，着手为海洋能设备提供一整套评估协议，以规范相关设备的测试和评估程序；由国际电工技术委员会组织制定波浪能、潮流能以及海流能国际标准；欧洲海洋能中心研制出台12个技术标准，国际电工委员会颁布了7项标准。以上这些标准制定颁布对于促进国际海洋能发展具有重要的实践意义，对于我国海洋能产业的发展具有重要的指导价值和借鉴意义。

1.3.1.2 海洋能技术及其产业化发展步伐加快

国际上海洋可再生能源开发利用技术发展的水平和产业化程度各不相同，不同资源类型的海洋能利用技术发展水平也不一样，有些技术成熟度比较高，相应的产业化程度较好。

(1) 潮汐能技术

作为最为成熟的海洋能技术，潮汐能技术早在几十年前就已实现业务化运行和市场运作。世界上最先进的全贯流式潮汐水轮发电机组，已实现单机20 MW规模的产业化能力。装机容量达到24×10^4 kW的法国朗斯潮汐电站于1967年建成，至今已运行近50年，该站基建费用约为1亿美元，按1973年的实际发电量计算，每千瓦时发电成本约为常规水力发电的2倍。

2004年韩国25.4×10^4 kW的始华湖潮汐电站开工建设，2011年投入运营，成为世界上规模最大的潮汐电站。2007年韩国1 000 MW的仁川湾潮汐电站和英国72 000 MW的塞文河口潮汐电站开始进行可行性研究，英国塞文河口潮汐电站的设计发电量预计可满足英国2%的电力需求，说明潮汐能进入了大规模开发利用阶段（见表1.7）。

表1.7 世界上产业化前景较好的潮汐能技术

序号	国家	电站/技术名称	技术特点	单机功率
1	法国	朗斯潮汐电站	单库双向贯流式	240 MW
2	加拿大	芬迪湾安纳波利斯潮汐试验电站	单库单向贯流式	单台20 MW
3	韩国	始华湖潮汐电站	单库单向贯流式	254 MW
4	韩国	仁川湾潮汐电站		1 000 MW
5	英国	塞文河口潮汐电站		72 000 MW

（2）潮流能技术

近几年国外潮流发电技术发展较快，正在趋于成熟，目前研发大型水平轴及涵道式潮流发电机已成发展趋势。个别发达国家，例如，英国、美国等已有向大规模开发转化趋势，制造巨型水平轴潮流发电系统将是发展方向。大型潮流发电设备的商业化和产业化，将推动海洋可再生能源大规模开发利用产业的发展，这将是继大规模开发利用潮汐能以后开辟的海洋能利用新领域。据不完全统计，到目前为止世界上在建和规划建设的兆瓦级以上的大型潮流发电站就达 6 座（见表 1.8）。涡轮机大型化和应用规模化是潮流发电技术产业化未来发展方向，也是中国潮流发电技术的发展方向。

表 1.8　世界上典型的大型潮流发电站

国　　家	电站地址	装机容量	开始时间	建成时间
英国北爱尔兰	斯特兰福德湾	1.2 MW	2007 年	2008 年
加拿大	圣劳伦斯河	15 MW	2007 年	2011 年
韩国*	Wando Hoenggan 水道	300 MW	2008 年	2015 年
新西兰	开帕拉港	200 MW	2008 年	2018 年
英国苏格兰	彭特兰湾	10 MW	（2008 年开始可行性研究）	2020 年
英国苏格兰	艾莱岛	2 MW	（2008 年开始可行性研究）	（2011 年完成涡轮机研制）

* 韩国在 Wamdo Hoenggan 水道建的潮流发电站将采用英国的技术，设备的制造和安装将由韩国的现代重工集团承担。

（3）波浪能技术

由于波浪的特点，长期以来人们普遍认为波浪能无法实现大规模利用。进入 21 世纪后，在政治经济因素和生态动力学因素的双重驱动下，国际上又开始重新审视距离人口居住密集区最近的波浪能的开发利用问题，政治集团和经济集团纷纷投资进行波浪能发电技术研究，并取得了快速的进展。随着相关技术的进步，模块化波浪能发电技术逐渐成熟，以欧美为代表的 Pelamis "海蛇"技术和 PowerBuoy 技术以及与 Wave Hub 技术相结合，奠定了大规模开发利用海洋波浪能的技术基础，具备了产业化条件（见表 1.9）。

表 1.9　世界上产业化前景较好的波浪能技术

分类	国家	机　构	电站/技术名称	单机功率	产业化前景
振荡水柱式	英国	波浪能发电公司	LIMPET 岸基波能装置	500 kW	好
	英国	波浪能发电公司	"鱼鹰"波能发电装置	2 000 kW	好
	英国	Orecon 公司	MRC1000	1 000 kW	较好
	澳大利亚	Oceanlinx 公司	肯布拉港波能电站	500 kW	较好
	挪威	克瓦纳布鲁格公司	克瓦纳布鲁格波能电站	500 kW	较好
摆体式	美国	海洋电力技术公司	PowerBuoy 波能浮标	40 kW 150 kW	好
	英国	海蛇波浪电力公司	"海蛇"波能装置	750 kW	好
	挪威	弗雷德奥尔森公司	FO^3 波能装置	2 500 kW	较好
	英国	AWS 海洋能公司	阿基米德波浪摆	2 000 kW	较好
	英国	蓝宝海洋能源公司	"牡蛎"波能装置	800 kW	较好
	丹麦	波浪星能源公司	"波浪之星"波能装置	3 000 kW	较好
收缩波道式	丹麦	波龙公司	波龙发电装置	750 kW	较好

(4)温差能技术

20 世纪 70 年代以来,美国、日本、西欧、北欧诸国的研制几乎全部集中在闭式循环发电系统。1981 年联合国新能源和可再生能源会议文件确认:"海洋热能转换是所有海洋能转换系统中最重要的。"这一论断推动温差能的研究更加活跃,美国、日本、印度持续加大对海洋温差能的研究和资金投入。1979 年在夏威夷州海面一艘驳船上成功运转了一艘 MINI – OTEC 的闭式发电机组,系统发出 50 kW 的电力,净输出功率 15 kW。1981 年日本在瑙鲁建成了世界上第一座功率为 120 kW 的岸式试验系统。海洋温差能技术目前大多处于初期样机培育阶段(见表 1.10)。

表 1.10　正在研发的温差能技术和电站

分类	国家	研发机构	电站/技术名称	装机容量
开放式	美国	夏威夷自然能源研究所	开放式温差能电站	255 kW
封闭式	日本	东京电力公司、九州电力公司与日本佐贺大学联合研制	封闭式温差能电站	120 kW
	印度	国家海洋技术研究所	陆基温差能电站	500 kW
混合式	美国	海洋太阳能公司	混合式温差能电站	10 000 kW

（5）盐差能技术

盐差能利用研究历史较短，盐差能技术目前处于初级研发阶段，其发电主要有渗透压法、蒸汽压法、反电渗析电池法三种，但功率普遍很小。挪威 Statkraft 公司于 2009 年 11 月研制出世界上第一台渗透压原理的盐差能装置样机，装机容量 4 kW，计划到 2015 年完成该装置的全比例样机。

1.3.1.3　国外海洋能开发利用主体

近年来，随着世界各国对海洋能开发利用的日益重视，国际上从事海洋能研究、应用与商业化开发的机构和人员规模正在不断扩大，许多世界知名的大学和科研院所纷纷进入海洋能研究领域，涌现出了不少拥有新型海洋能转换技术或理念的中小型企业，一部分具有超前意识的大型国际能源和电力公司已经开始关注并参与海洋能的开发。

目前全球逐渐形成了以欧洲和北美为两大核心技术密集区的海洋能产业发展格局。其中，欧洲地区以英国的海洋能技术发展最为迅猛、产业化前景最为明朗。此外，澳大利亚和新西兰等大洋洲国家由于海洋国土面积广阔、海洋能资源储量丰富，也正在加紧推动海洋能的技术开发与商业化应用。

据不完全统计，目前全世界涉及海洋能开发利用的从业机构已超过 200 家，以高校、科研机构和专门从事技术开发的中小型企业为主（见表 1.11）。国外海洋能开发利用主体的特点可以归结为：研发能力强、科研团队以创新为主、经费来源多样化、大集团为依托形成产学研相结合网络等。

表 1.11　国外部分从事海洋能管理和技术研发的机构

序号	类　型	数量	部　分　机　构
1	政府管理部门	21	英国 4 个（英国能源局域气候变化部等） 欧盟 7 个（爱尔兰可持续能源局、丹麦能源署等） 北美 8 个（美国能源部、美国联邦能源监管委员会等） 大洋洲 2 个（澳大利亚环境与商业部等）
2	研究协会与基金会	15	英国 4 个（SuperGen 海洋能研究联盟、苏格兰能源环境基金会、苏格兰能源环境基金会等） 欧盟 4 个（欧盟第七科技框架计划、丹麦波浪能协会等） 北美 5 个（美国海洋可再生能源联合会、加拿大离岸能源环境研究协会、美国国家水能协会等） 大洋洲 2 个（澳大利亚清洁能源委员会、新西兰波浪能、潮汐能研究协会等）

序号	类 型	数量	部 分 机 构
3	国家和地区级研究中心	31	英国6个(英国能源技术研究所、新能源与可再生能源研究中心、欧洲海洋能源中心等) 欧盟10个(爱尔兰海洋研究院、葡萄牙波浪能研究中心、法国海洋开发研究院等) 北美13个(美国国家可再生能源实验室、夏威夷国家海洋可再生能源中心、芬迪海洋能源研究中心、西北太平洋国家海洋可再生能源中心等) 大洋洲2个(澳大利亚国立水资源研究实验室、新西兰国家水资源与大气研究院等)
4	高等院校	45	英国15个(爱丁堡大学、贝尔法斯特女王大学、赫瑞瓦特大学、斯特拉斯克莱德大学等) 欧盟14个(爱尔兰科克大学、葡萄牙里斯本大学高级工程学院、瑞典乌普苏拉大学、德国汉堡大学等) 北美12个(美国俄勒冈州立大学、华盛顿大学、加拿大阿卡迪亚大学、英属哥伦比亚大学等) 大洋洲4个(澳大利亚海事学院、悉尼大学等)
5	大型能源企业或投资集团	12	英国4个[英国碳信托投资公司、苏格兰电力公司、苏格兰南方能源集团公司(SSE)等] 欧盟4个[丹麦Ramboll能源集团、西班牙Tecnalia能源公司、葡萄牙电力集团公司(EDP)、法国电力集团公司(EDF)] 北美4个(美国Snohomish PUD电力公司、太平洋天然气与电力公司;加拿大新斯科舍省电力公司、Sabella电力公司)
6	技术开发型企业	77	英国15个[洋流涡轮机(MCT)公司、蓝宝海洋能源(Aquamarine)公司、IT POWER公司、Pelamis公司、Wavegen公司等] 欧盟30个[意大利阿基米德桥(PdA)公司、荷兰Ecofys BV公司、Wetsus公司、HydroRing BV公司、Tocardo BV潮流能公司、挪威StatKraft公司等] 北美15个[美国OPT公司、哥伦比亚电力技术公司、海洋可再生能源公司(Ocean Renewable Power)、FreeFlow Power公司、Verdant Power公司等] 大洋洲17个(波浪骑士能源公司、Perpetuwave公司、Carnegie联合公司、Elemental能源技术公司、Advance Wave Power公司、Cetus能源公司等)
	合 计	201	

1.3.2　国外海洋能产业发展的启示

(1)加大研发投入力度

IEA OES—IA 2011 年公布了世界典型海洋大国的海洋能发展政策。例如，葡萄牙政府准许一些从事海洋能技术生产的公司向私人资本开放，并在国内设有创新支持基金和科技基金支持海洋可再生能源研发；丹麦 2011 年建立了"利用欧盟资助发展海洋可再生能源网络"，并实现了业务化运行，成为丹麦海洋可再生能源发展的激励机制，年投入研发资金 1.5 亿欧元；英国 2002 年开始实施可再生能源义务，发放可再生能源义务证(ROC)，刺激可再生能源发展，并宣布自 2012 年起，实施总额为 1 800 万英镑的海洋商业化基金，以支持首个达到商业化组网发电的海洋能装置；日本 2011 年启动"海洋能技术研发"计划，总投入约 78 亿日元，并且日本新能源产业技术开发组织(NEDO)启动了一项总额 10 亿日元的研究计划，旨在促进海洋能装置的实际应用和商业化进程；2006—2011 年加拿大共投入资金 7 500 万加元支持海洋可再生能源项目；2011 年美国可再生能源联盟发布海洋及动力 MHK 可再生能源技术路线图，MHK 支持 73 个项目，共投资 8 720 万美元，大部分用于技术研发；墨西哥 2011 年开始积极研发温差能，投入 14.8 万美元评估温差能发电技术的制冷应用；新西兰政府预计到 2025 年其 90% 的电能来自可再生能源发电，政府支持海洋能研发基金包括海洋能利用基金、新西兰科技基金和研发基金；韩国政府设定海洋能基础研究项目资金，主要来自政府，示范工程项目需要企业提供配套资金，其中中小型企业配套比例不少于 25%，大型企业配套比例为 50%。由上可以明确看到：海洋能项目资金投入情况在某种程度上与该领域的科研能力成正比，研发团队、基础设施、配套试验装置等硬性条件对海洋能技术开发有着至关重要的作用。中国海洋能研发资金投入与各成员国相比，存在较大差距。中国政府及海洋能行业相关政策制定部门应认真考虑我国海洋能技术及产业发展的现状，技术创新是产业发展的动力，资金支持是技术创新的基础条件和前提。

(2)完善支持政策

世界典型海洋能国家不仅在海洋能技术研发方面投入力度远远超过中国，在技术发展、产业商业化发展等方面的金融、法律等支持政策也相对完善。英国政府通过实施海上能源战略环境评价(OESEA2)，要求海洋能发电装置采取适当措施以防止、减少或弥补对环境及其他用海产生的负面影响,包括可再生能源义务法(苏格兰)和海洋就海岸用海法案(威尔士);美国联邦政府可再生能源激励机制十分健全,包括可再生电力减免税(PTC)、可再生能源生产激励(REPT)、清洁可再生能源债券(CREBS)、合格节能债券(QECBS)、能源部贷款担保计划、财政部可再生能源补助、农业部农村能源计划补助、农业部农村能源计划贷款担保等。与其他国家不同的是,美国联邦政府小企业创新研究计划和小企业技术转移计划专门用于支持小微企业进行科技创新,资金投入政策较全面;2011年挪威与瑞典签署了一项绿色证书联合市场协议,规定从2012年起15年内对1 MW新可再生能源发电给予1份证书,估计合计总价格75欧元,仍不足以维持成本,政府一直给予支持;澳大利亚联邦政府通过立法,规定从2012年开始对污染前500家企业征收每吨23澳元的碳税,以减少对海洋资源的污染。

(3)不断提升自主研发能力

在研发资金投入和政府产业政策支持方面得到政府及社会全面扶植的背景下,英国、丹麦等世界海洋大国正接受海洋经济所带来的各种利益,在坚实敦厚的硬条件支撑下,这些国家都在致力于海洋能技术研究与开发,这些国家的自主创新水平远远超越中国,在创新人员数量与质量方面、技术创新方面一直处于尖端,而中国目前则一直是以引进消化吸收为主,自主创新为辅。中国目前的研发团队主要是有限的大学和科研机构,技术开发型企业较少,科研项目多是大学和科研机构的联结合作,企业的联合研究也较少,现阶段企业的角色还处于成果转化期,参与研发的工作量较少。而大学和研究机构的研发人员和科研团队的自主创新能力正处于起步阶段,对海洋能领域的探索还需付出极大努力。为增强中国在海洋能领域的国际竞争力,中国的研发团队亟须提高自主创新能力。

1.3.3 我国海洋能发展现状分析

1.3.3.1 我国海洋能产业发展的基本情况

(1)海洋能技术研发起步较早并形成一定的技术积累

20世纪80年代以来,以中国科学院广州能源研究所、哈尔滨工程大学、国家海洋局海洋技术研究所为代表的国内研究单位已开展了海洋能技术的研发工作。经过 30 多年的积累,已形成了一批实验样机和工程样机,开展了一定的应用试验。潮汐能、波浪能和潮流能技术处于不同的发展阶段,其中潮汐能电站已实现商业化运行,潮流能和波浪能技术已具备示范应用基础,但与近年来国外的快速发展现状相比,我国的海洋能技术无论是在装机规模还是在商业化运作方面还有较大差距。国内海洋能技术现状见表 1.12。

表 1.12　国内海洋能技术发展现状及产业化前景分析

类型	技 术 现 状 及 特 点	应 用 现 状	产业化前景
潮汐能	能设计制造单机容量为 2.6×10^4 kW 的潮汐发电机组,低水头大功率潮汐发电机组的设计和制造,达到商业化程度 技术特点:拦坝式	江厦潮汐电站装机容量 3 900 kW,已实现商业运行近 30 年	较好
潮流能	先后研建了 70 kW、40 kW 和 300 kW 的垂直轴潮流试验电站,30 kW、60 kW 水平轴潮流电站在研 技术特点:漂浮式、固定式垂直轴、固定水平轴、半直驱水平轴式	已具备了百千瓦级潮流能电站的设计制造能力,300 kW 潮流能电站具示范应用能力(哈尔滨工程大学、哈尔滨电机厂)	水平轴潮流电站产业化前景较好
波浪能	研建了 100 kW 振荡水柱式、30 kW 重力摆式、100 kW 浮力摆式波浪能发电试验电站,波浪能供电的海上导航灯已形成商业化产品并对外出口。100 kW 鸭式已完成海试 技术特点:摆式、振荡浮子式、振荡水柱式、"点头鸭"式	已具备百千瓦级波浪能电站的设计制造能力,摆式波浪能电站初步具示范应用能力(广州能源研究所、国家海洋技术中心)	鸭式和摆式波浪能电站产业化前景较好
温差能	致力于提高转换效率,仅完成了实验室原理试验	国家海洋局第一海洋研究所、天津大学、广州能源研究所	处于培育期
盐差能	仅开展过原理性研究,该项研究基本处于停滞状态	西北工业大学、中国海洋大学	不具备产业化条件
离岸风能	我国已具备兆瓦级海上风机的设计制造能力以及自行建设大型海上风电场的能力 技术特点:兆瓦级海上风机	已建成第一座大型海上风电场——东海大桥 10×10^4 kW 海上风电场	较好
海洋生物质能	已开展了大量基于微藻的培养、筛选、转换等技术方法研究 技术特点:利用废气中的二氧化碳养殖硅藻,再利用硅藻油脂生产燃料	具备实现工程化小试的能力(中国科学院海洋研究所、中国海洋大学、国家海洋局第一海洋研究所)	较好

(2)技术研发科研机构团队初具规模

多年来，受多方面因素制约，我国的海洋能技术研发队伍规模一直较小，主要在相关从事海洋能技术研发的科研单位和高等院校，但也锻炼和培养了一批专业人员。近五年来，随着国家加大引导和支持力度，特别是海洋能专项资金的启动实施，一批有实力的国有大型企业和知名高校进军海洋能领域，为海洋能产业发展注入活力，海洋能技术队伍规模得到了迅速扩大，初步形成了具有一定规模的海洋能技术研发、装备制造、海上工程安装等技术队伍。见表1.13。

表1.13　从事海洋能开发利用的主要单位

序号	类型	数量	备注
1	科研机构	20	中国科学院广州能源研究所、中国船舶重工集团公司711所、710所、712所、国家海洋局第一海洋研究所、国家海洋局第二海洋研究所、国家海洋局第三海洋研究所、国家海洋技术中心、国家海洋标准计量中心、中国水利水电科学研究院、水科所、中国电力科学研究院、中南勘察设计院、西北勘察设计院、华东勘察设计院、中国科学院海洋研究所、山东省海洋水产研究所等
2	大专院校	25	哈尔滨工程大学、浙江大学、中国海洋大学、天津大学、山东大学、哈尔滨工业大学、大连理工大学、东北师范大学、中山大学、清华大学、浙江海洋学院、华南理工大学、南开大学、天津理工大学、燕山大学、同济大学、天津工业大学、集美大学、上海交通大学、河海大学、华北电力大学、东南大学、山东农业大学、上海海洋大学等
3	国有企业	8	华能集团、大唐发电公司、中节能公司、中海油公司、国电集团、哈尔滨电机厂、开滦集团、浙富水电等
4	民营企业	20	三一重工、山东三融、烟台银都、青岛海斯壮、山东拓普、深圳行健、兰海新能源、珠海兴业等
合　计		73	

1.3.3.2　我国海洋能产业发展的优势条件

(1)国家高度重视海洋可再生能源产业发展

近年来，随着传统能源的不断枯竭，党和国家领导人多次讲话充分表现出对发展可再生能源产业和低碳经济的高度关注。我国2006年实施的《可再生能源法》明确将"海洋可再生能源"纳入可再生能源范畴，并初步确定专项资金支持方向。随后颁布的《国家海洋事业发展规划纲要》、《国家"十一五"海洋科学和技术发展规划纲要》和《全国科技兴海规划纲要（2008—2015 年）》，均明确了海洋可再生能源的发展目标。在新一届政府部门职能确定中，国务院将"海洋可再生能源的研究、应用与管理"的职责赋予了国家海洋局，从而进一步明确了我国海洋可再生能源的职能管理部门。"十一五"期间，政府部门设立了专项资金用于支持海洋可再生能源产业的发展。这些有利形势为海洋能产业化发展提供了难得的发展机遇。

（2）具备大力发展海洋可再生能源产业的资源条件

908 专项支持的"我国近海海洋可再生能源调查与研究""海洋可再生能源开发与利用前景评价"及"近海岛屿海洋能综合开发利用示范试验研究"，基本摸清了中国海洋能的资源储量和分布。研究成果表明，中国海域所蕴藏的海洋可再生能资源是比较丰富的，每一种类型的海洋能总蕴藏量都远远超过全国发电装机容量的几倍，这为发展我国的海洋可再生能源产业提供了资源保证。

（3）具有开发多种海洋可再生能源的技术储备

海洋能有一定的技术研发经验累积，开展示范试验的条件比较成熟。其中，潮汐能开发已有较好的基础和丰富的经验，小型潮汐发电站技术成熟，具备研建十万千瓦级大型潮汐电站的能力；在潮流能技术方面也有较好的研发经验，先后研制了"万向 I"70 kW 潮流实验电站、"万向 II"40 kW 潮流实验电站以及"海能 I"2×150 kW 潮流能电站等；在波浪能开发利用方面，我国也具有良好的研究基础，先后研建了大管岛 30 kW 重力摆式波浪能电站和100 kW 浮力摆式波浪能电站以及 100 kW 岸式振荡水柱装置和 50 kW 振荡浮子式独立发电系统等装置；在海洋风电方面，我国的技术差距不断缩小，发展速度已经超过一直领先的欧洲；我国在开发微藻方面亦有了一定基础，深圳海洋生物产业园和国家海洋局第一海洋研究所先后启动了海洋（微藻）生物柴油研发项目，现在已经完成了实验室小试，获得了符合国家标准的产品。

（4）有一定规模的研发及产业化转化队伍

经过近 30 年的发展，特别是专项资金的支持，我国已经形成了海洋能技术研发、装备制造、海上施工、运行维护的专业队伍。据不完全统计，目前从事海洋能源开发利用的单位涉及科研院所、大专院校、国有及私营企业等共 70 多家, 其中包括能够进行大型和超大型海洋装备设计、制造、运输等业务的大型国企和民营企业, 例如中国船舶重工集团、三一重工集团、哈尔滨电机集团、高亭船厂等, 直接从业人员超过 2 000 人。大批有实力企业部门的参与, 极大地提高了自我创新能力、设备国产化能力和产业化转化能力, 有利于产业链的延伸及产品、技术的辐射。

1.3.3.3 我国海洋能产业发展存在的主要问题

(1) 技术储备不足

产业化的首要条件是要有一批成熟的发电装备, 虽然我国在潮汐能开发利用技术方面位居世界前列, 技术水平较高, 有自主创新的核心装备, 但波浪能和潮流能发电装置目前大都处于工程样机阶段, 还没有形成对海洋能产业发展有巨大带动作用的关键技术, 温差能和盐差能更是处于研究的起步阶段。因此, 我国海洋能产业目前总体储备不足, 缺乏核心装备。总体储备不足凸显出技术储备的重要性, 总结我国海洋能产业现阶段技术储备不足的原因, 集中体现为研发团队有待扩充、国际国内交流合作频次较少、创新机制匮乏等方面的问题。目前, 我国波浪能和潮流能发电装置的研发人员大都在科研院校, 与企业缺乏信息沟通, 需要政府促成企业和科研院校联盟, 搭建产业化桥梁。

(2) 缺乏激励政策和产业引导

我国在可再生能源开发利用方面制定了一些激励政策, 但针对海洋能除设立专项资金以外, 还没有建立起与海洋能产业化发展相适应的激励配套政策和管理机制。国家和地方政府针对一些海洋能项目的立项论证程序不清, 行政审批等管理制度缺乏, 涉及海洋能项目的立项审批关系凌乱。企业参与难度大、风险高, 推广规模受到限制, 很难实现海洋能资源开发利用技术成果的转化和产业的形成。

(3) 海洋能资源勘查资金不足

根据调查任务的性质或预期目标的不同, 海洋能资源调查划分为: 普查、详查、细查三种类型。普查是为掌握海洋能资源的宏观分布趋势, 偏重于资源量的统计, 属于实地考察性质; 详查偏重于对普查中资源相对较好的区域进行精细化勘查及综合分析, 选划出具有开发潜力的重点开发利用区; 细查偏重于对详查中遴选出的重点选划区域的建站选址、工程开发提供较为全面科学的前期预可研资料。

海洋能产业发展对进一步查清我国海洋能资源状况、明确我国海洋能重点开发区域及选划等内容提出了强烈的需求。908 专项完成的调查只是对海洋能资源进行了"普查",远不能满足建站选址需要。海洋能专项基金支持的近岸潮汐能和潮流能的详查正在进行,波浪能的详查也即将展开,但由于勘查队伍有限、勘查设备落后、勘查资金仍以国家出资为主,没有形成市场化运作,因而距离工程开发利用要求还有一定的距离,尤其是深远海的区域还没有涉及。另外,海洋可再生能源的评价方法研究基础薄弱,相关的标准、规范亟待建立。

(4)海洋可再生能源开发利用技术共用平台建设滞后

海洋能资源技术共用平台建设工程复杂、投资额度较大、无利润、需要国家承担巨大的建设成本,平台建设涉及海上工程、安装维护等多个方面,借鉴国外经验,建立国家级的海洋能海上试验场等综合测试平台,对促进技术转化、积累运行管理经验,推动海洋能产业化发展具有重要意义。我国在该方面的积累非常少,有关的公共平台建设尚处于启动设计阶段,相关工作亟待加强。

(5)我国海洋能产业技术创新能力弱

2010 年在国家海洋局的带领下,我国成立了海洋可再生能源专项基金,标志着我国海洋能发展进入了一个新的阶段。高校、科研机构开始更加热衷于海洋能技术开发及利用等方面的研究,国内一些从事海洋能技术生产的企业也日渐增多。虽然我国海洋能产业化进程尚在进行中,并已取得了显著的成果,但是目前国内仍然很少有涉及海洋能产业技术创新体系方面的研究,研究缺乏整体性、系统性,创新系统建设存在滞后性。因此,加大对我国海洋能产业技术创新体系研究投入将是我国海洋能产业化发展的新篇章。

第2章 我国海洋能产业技术创新体系构建与运行机制

2.1 海洋能产业技术创新体系内涵及特征

2.1.1 海洋能产业技术创新体系内涵

海洋能作为21世纪新能源的重要组成部分,对我国经济可持续发展有着不可估量的重要作用。我国学者对海洋能研究的起步较晚,海洋能产业及海洋能技术创新研究尚未真正建成体系完整、协调运作和良性循环的技术创新经济体系。技术创新体系是海洋能产业整体经济系统中围绕新知识产生、发展、应用、传播、组织、管理,进而研究开发新技术的一个子系统,由于技术创新体系本身具有知识的特性和技术的特点,因而其在运行机制和组织管理方面与传统经济部门有所不同。海洋能产业技术创新体系通过整合波浪能、潮汐能、潮流能、海上风能及其他海洋能方面的显性知识,结合专家学者头脑中的隐性知识,利用知识的商品属性,创造新一轮的知识和财富,构成一个闭合回路的循环经济体系。海洋能技术创新的产生不仅服务于整个海洋能产业,而且支撑着整个国民经济的产业价值体系,迎合世界各国海洋能科技创新造福国民经济发展的大趋势,研究、完善、充实我国海洋能产业技术创新体系对未来国民经济及战略性新兴产业的可持续发展具有重要的指导作用,为我国海洋能技术及海洋能产业发展构建一条科学有效的产业创新循环价值链。海洋能产业技术创新活动的产生,一方面直接向创新型需求者提供多样化的能源产品和服务,另一方面通过影响和渗透各传统产业领域使所有大众成为其间接的消费者,发展起海洋能的各类新兴战略型产业,由此整体上构成了庞大的海洋能产业技术创新经济体系。

我国海洋能产业技术创新体系是海洋能产业创新体系的重要组成部分。从系统论角度,本研究认为海洋能产业技术创新体系是指以该产业内研究机构、大学、企业群为主导,以技术创新为工具,通过资源优化配置、信息共享，推动产业内部不断进行技术创新、促进产业快速发展、增强我国海洋能产业技术创新能力和核心竞争力的有机系统。

2.1.2　海洋能产业技术创新体系特征

区别于传统能源产业，海洋能产业与一般传统能源产业诸如煤炭产业、太阳能产业等在产业发展和技术发展上有很大的不同，这种不同是由海洋能产业本身所具有的特点所决定的：一方面，我国海洋能资源虽十分丰富，但我国政府和能源部门对海洋能开发利用的认识程度处于起步阶段，国家及产业部门近几年出台各种产业发展政策，扶持海洋能产业发展，并被认定为国家新兴战略性产业，是我国能源行业未来发展的重中之重，是我国能源可持续发展的代表产业；另一方面，海洋能产业发展离不开技术进步，技术进步离不开技术创新，因而海洋能产业具有知识密集性和智力密集性的特点，不仅要求产业内参与主体间进行知识传播，也要与产业外部环境进行信息流、知识流、创新流等能量流的交换，使产业一直处于技术进步的更新交替之中，紧跟国际海洋能技术前沿。因此，必须要构建我国海洋能产业技术创新体系，为我国海洋能产业可持续发展提供源动力。

我国海洋能产业技术创新体系涉及海洋能产业技术创新的整个过程，包括创新意识的萌发、创新行为的提出、创新过程的开展和创新成果的转化，其本身是一个包括创新主体、创新支撑环境、运行机制三个相互独立又彼此交融的系统整体。该体系从我国海洋能产业长远可持续发展目标出发，各个子系统之间相互协作，在完成各自功能的同时又彼此交换能量和信息，协调一致。据此，我国海洋能产业技术创新体系的特征可以概括为以下几点。

(1) 系统性

我国海洋能产业技术创新体系是海洋能产业整个系统的关键，事关系统能够可持续发展并在国内外激烈的市场竞争环境中生存下来，关系着整个产业的核心竞争力，是产业发展的长远规划，而不是短期或局部的目标。我国海洋能产业技术创新体系的系统性和全局性特征体现为在确定产业发展主体目标时，在产业技术进步和可持续发展为不变目标的前提下，明确目前产业国内外形势，即产业技术现状、与国际尖端技术之间的差距，不局限于眼前利益的情形下，从全局的角度出发推进技术创新过程，创新主体、创新支撑环境和运行机制间相互协调，发挥各自功能构成我国海洋能产业技术创新体系。

（2）时空性

海洋能产业技术创新体系时间性和空间性的特征体现为对知识、技术、信息的及时需求和更新。时间性具体表现为我国海洋能产业技术创新体系在创新过程中创新意识的商业价值，产业内大学、科研机构和企业三部分创新主体对创新收益的追求很大程度上由创新意识提出的先后顺序决定，当某种创新意识被其中一方率先提出并进行试验时，该方就是创新收益的最大获得者；空间性具体体现为技术进步与国际发达国家的差距，我国海洋能产业由于起步较晚，在技术研发方面目前落后于丹麦、美国、日本等发达国家，对前沿技术的追求和探索、模仿、吸收、再创新是我国海洋能产业目前发展的重要方式。

（3）从属性

我国海洋能产业技术创新体系从属于我国海洋能产业总体战略发展体系，产业技术发展是产业发展的一个重要组成部分，其中还包括产业知识产权管理体系、产业运营体系等。因此，我国海洋能产业技术创新体系在制定其技术发展方向时应充分考虑产业未来的发展定位，从全局的角度出发，谨慎考虑总体战略体系内的各种关系，不应孤立地看待技术创新体系。

（4）实用性

传统能源污染严重、蕴藏量匮乏等现状，亟待全社会开发利用新型能源，海洋能是最优选择。按照实际市场需要和国家能源行业竞争战略的要求，我国海洋能产业技术创新体系的目标主要是提高海洋能产业市场竞争力和在国际市场的核心竞争力，在国家有关政策法律的监督管理下，开发利用我国海洋能产业是未来能源行业可持续发展的主要任务，技术创新体系是海洋能产业发展的动力源泉。因此，我国海洋能产业技术创新体系对整个国家的能源开发利用具有较强的实用性。

2.2 我国海洋能产业技术创新体系构建原则

由于海洋能产业具有自身特点，因而产生的技术创新具有一定的特殊性。在我国海洋能产业技术创新活动客观存在的基础上，为满足研究需要，为推动海洋能产业技术创新发展，能够及时应对国内外日益激烈的市场竞争环境，构建我国海洋能产业技术创新体系显得极为重要，该体系对于我国海洋能产业形成核心竞争力以及提高产业技术创新能力、实现可持续发展具有重要的意义。

（1）综合性原则

我国海洋能产业技术创新体系的构建是产业可持续发展与产业技术创新基本过程进行战略整合的过程，也是我国海洋能产业技术创新活动同外界环境进行能量交流的过程，这就决定了构建海洋能产业技术创新体系是一项综合性很强的技术创新活动，需要从全局的视角考虑海洋能产业创新主体、创新环境、创新资源等相关要素，从而确保我国海洋能产业技术创新体系的综合性和完整性。

（2）开放性原则

我国海洋能产业技术创新体系在构建过程中应遵循开放性原则，其内部创新主体子系统、创新支撑子系统和运行机制之间在构建过程中应协同配合，保证我国海洋能产业技术创新体系能同外界环境进行知识信息流和物质流交换，使体系成为一个时刻处于发展变化中的耗散型体系。

（3）可操作性原则

我国海洋能产业技术创新体系在构建时不仅要考虑系统功能性，更要考虑该系统运行时的可操作性，确保各个子系统能够良好运转，运行效果能够有效测度和反馈。整体系统内部各个子系统的选择也应结合我国海洋能产业发展的实际情况，渗透到创新主体的日常工作环节，确保海洋能产业技术创新体系对产业发展的实践价值。

（4）灵活性原则

我国海洋能产业技术创新体系应在贯彻执行国家"十二五"规划大力发展海洋新兴产业的前提下，善于结合所处行业的实际情况，仔细推敲政府对产业发展所提倡的各项政策，尤其应灵活运用国家优惠的技术创新政策，并以此为基础构建具有海洋能产业自身特色的技术创新体系。

（5）可持续发展原则

我国海洋能产业技术创新体系的构建应从长远发展的角度出发，体系的构建过程应抓住海洋能产业发展及技术发展的各个环节，着眼于产业增强其核心竞争力，并努力达到产业内部技术创新资源与产业未来长远发展目标的协调一致，通过对产业内部技术创新过程的一系列创新，形成具有足够的动态适应能力、能够实现可持续发展的海洋能产业技术创新体系。

2.3 我国海洋能产业技术创新体系的构成

海洋能产业发展离不开海洋能产业技术创新体系。参考借鉴国内外学者有关产业创新体系及技术创新体系构成要素的研究，结合我国海洋能产业发展的实际特点，从系统功能的角度出发，将我国海洋能产业技术创新体系分为创新主体子系统和创新支撑子系统。

2.3.1 创新主体子系统

在我国海洋能产业技术创新体系中，研究机构、高等院校、企业分别扮演着不同的主体角色，其中，高等院校和研究机构扮演着知识供给的角色，而企业则更多扮演着知识需求的角色。我国海洋能产业发展目前尚处于发展起步阶段，依靠大学、研究机构或企业任何一方力量来单独进行技术创新研发，实力都会显得有些单薄，而联合三方力量，优势互补、高效整合各方技术资源则是我国海洋能产业技术创新体系建设的重要部分。世界各国对技术创新体系建设已经进行了广泛的实践，从国内外已有研究来看，产学研研究已经是一个老话题，产学研合作实质上是基于产业界和学术界的内在需求形成的合作关系，其表现形式一般为合作网络或产业研发联盟合作。所谓合作：①指企业与大学、研究机构之间共同投入人力资源、资金、基础设施和社会资源，共同参与、共享研究成果、共同承担研发风险；②指企业作为知识需求者负责研发经费，大学、科研机构作为知识供给者进行技术研发，企业承担大部分研发风险，拥有其研发成果。合作比其他形式的交流更为灵活，更有效率，Hippel 于 1988 年提出，正式的、法律形式的组织只会减少管理者、科学家和工程师之间的非正式的信息交流。不少学者已对技术创新各主体进行了大量的理论研究、案例研究及定性研究，主要围绕技术创新体系中各创新主体之间的合作模式、利益分配方式、知识转移、技术溢出等方面，对于海洋能及新能源产业方面的技术创新体系研究。本研究通过元分析文献检索法发现，相关方面的科技论文产出多局限于定性层面的探讨，海洋能产业技术创新体系各主体间的定量研究少之又少。

在我国海洋能产业技术创新主体子系统研究过程中，产学研合作对技术创新产出起着关键性的作用，具有绝对的技术研发优势。

(1) 产学研联合综合了各自的资源优势

我国将海洋能产业定义为战略性新兴产业，是我国未来经济的可持续发展产业。国家海洋局通过立项 908 项目和 863 计划，与国内优秀大学合作，依靠两者专业的研发团队和先进的研发设施，联合开发我国海洋能资源，探索波浪能、潮汐能、潮流能、海上风能的巨大开发潜质，将实验室技术创新成果通过企业实现其商业价值，结合企业能够及时掌握市场最新需求和消费者偏好的优势，一般表现为新产品产出和新发明专利产出两种形式。

(2) 产学研结合能够加快技术创新成果的转化过程

目前，我国海洋能产业正处于成长和成熟阶段，与美国、日本、俄罗斯等海洋大国相比，我国海洋能产业相对落后。其主要表现在我国海洋能产业技术创新成果单薄，多依赖国外创新成果，对其加以模仿、消化、吸收、再创造。产学研的合作能够逐渐摒弃对国外最新研究成果的依赖，建立我国海洋能产业方面专门的科研团队，国家海洋相关研究机构应加强基础设施建设，大学等高等院所要重点培养海洋能方面的优秀人才，企业要及时掌握市场最新动态，汇集产学研三方面的最新信息，实现信息的新组合，不仅为各创新主体节约了创新成本、缩短了创新周期，也为企业后期创新成果转化奠定了良好的基础，通过已经了解的市场、政策法规的支持，给新产品的投放和更深入的研究提供保证。

(3) 产学研结合激发了科研人员的创新意识

科研机构、大学、企业作为独立组织，各自的科研人员对技术创新活动有着不同的意识。作为独立的个体，研究机构和大学的科研人员往往是技术创新活动的发起者，他们通过对知识的渴望和日常的钻研，以论文产出展示了他们的科研成果。而企业则比较关注短期回报率，重视创新成果的市场价值。产学研的结合打破了以往作为独立单位的狭隘意识，通过频繁和持续的交流，获悉彼此的最新研究动态，挑战以往不可触及的创新领域。目前，关于海洋能方面的技术创新，主要集中在大学和科研机构，对波浪能、潮汐能、潮流能和海上风能的研究已初见端倪，在全国范围内已建成多座波浪能电站和潮汐能电站，温差能和盐差能发电技术的研究也受到越来越多学者和研究人员的关注。大学、研究机构和企业之间对技术创新活动协调分工，又加以协同，决定着我国海洋能产业技术创新产出。

2.3.2 创新支撑子系统

市场经济条件下，任何一项技术创新活动都需要一定的环境为依托。按照环境学派的观点，环境是企业、产业、区域、国家经济发展的基础或背景，它将创新机构及其他创新机构相互联系形成有机整体。Edwin Mansfield、Feldman、Freeman、Lee Branstetter 等学者将创新性组织比喻成"网络"，认为创新环境本身就是企业、大学、研究机构等创新主体在一定区域中相互作用、协调发展的网络。任何一个组织的经济发展核心都是技术创新，但技术创新的成功与否往往不主要在于发明、设计、制造、使用等技术要素，组织、管理、营销等非技术要素同样十分重要，技术要素与非技术要素协同作用，形成一个紧密相连的创新网络，创新网络的存在离不开创新环境的建设。

根据系统科学的研究方法，同时借鉴我国学者杨东奇先生的分类方法，结合我国海洋能产业开展技术创新活动的需要，将海洋能产业技术创新体系的内外部环境看作一个与之密不可分的复杂系统，从系统属性和物质属性的角度将海洋能产业技术创新体系的支撑环境划分为硬环境和软环境。其中，硬环境主要包括基础设施和自然环境，其中基础设施如交通、电力、通信等；自然环境如地理条件和气候条件。软环境包括产业发展所面临的经济环境，以风险投资和金融体系为主要内容的资源环境，以中介机构、商业服务为硬件条件的服务环境，以法律法规等硬性文件为主要内容的法律政治环境。产业技术创新系统置身于国家创新系统和区域创新系统之中，国家创新系统和区域创新系统的体系建设和产业结构调整对产业技术创新体系也具有重要影响，我国海洋能产业技术创新体系与支撑环境的互动关系如图 2.1 所示。

图 2.1 左半部分反映了以硬环境为背景的海洋能产业技术创新过程，体现了技术创新活动的产生需要自然条件和基础设施的支撑。对于硬环境的要求，在我国经济发展初期较为重视，随着各大产业的发展逐渐成熟，我国经济发展过程中完善基础设施建设是必要前提。我国海洋能资源丰富，多集中在青岛、大连、厦门等地，区位条件和自然资源的优势，使得即使在创新条件较好的区域或城市，产业发展所需的硬环境条件也显得十分重要。目前对于我国海洋能产业的发展来讲，现代海洋能开发利用技术的发展，迫切需要技术创新研发单位、创新人员和创新设施的投入，另外，由于美国、日本、欧盟等海洋大国海洋能尖端技术的迅猛发展、海洋能新产品和新专利的不断

产出、海洋发展战略的不断推出，也使得我国对海洋能产业发展所需要的硬环境建设指标成为产业发展不可忽视的因子。当然，硬环境建设对于我国海洋能产业技术创新的影响并不是单独作用的，其受到整个国家法律政治大环境的影响，当国家政治体系发生变革或政治出现波动性变化时，当国家金融法规、生产经营法规、国际贸易政策等法律环境发生变化时，会直接或间接性地影响基础设施的投入和建设。因此，国家法律政治环境的波动不仅可以直接影响海洋能产业的技术创新活动，也可以通过约束基础设施建设间接性地影响海洋能产业的技术创新活动。

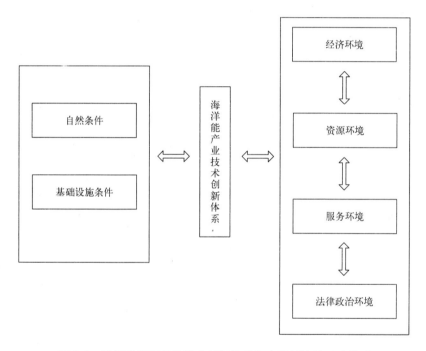

图 2.1　我国海洋能产业技术创新体系与支撑环境的互动关系

图 2.1 右半部分反映了以软环境为背景的海洋能产业技术创新过程，体现了技术创新过程必须依托法律政治环境和宏观经济环境，是一种不间断的过程。经济环境是一个广义层面的概念，包括产业发展所处的宏观经济环境、市场环境、当地经营环境和产业自身的技术和管理环境。产业出于自身发展的需要和核心竞争力提升的考虑，为在国内其他产业和国际市场竞争中立于不败之地，必须从宏观经济政策出发，以市场供给状况和消费者需求为前提，以金融机构和募集风险投资为手段，以第三方机构服务为辅助条件，不断寻

求新技术、新产品，发明创造新专利，不断创新。当经济跟随世界经济发展大方向不断改革、不断进步时，以往的软环境不能再以不变的形态延续下去，新的市场需求必然对技术创新提出更高的要求。当技术创新所需环境已经不能满足创新发展的各个阶段时，需要对环境提出新的要求，对市场、服务机构、金融机构、政府宏观政策提出新的要求，而这些新要求的实施最后要反馈到产业技术创新过程，它们之间是一种螺旋式的发展过程。如果在法律政治大背景下，经济政策、资源环境、服务机构三方能够实现和谐的互动关系，那么对产业技术创新过程的有效发生有积极的促进作用。如果产业处于一个相对和谐的创新环境，对创新主体是一个极大的激励，以科研机构和大学为主要领头人的创新主体在愉悦的氛围下可有效地推动技术创新活动，促进其向企业的技术扩散和转移，使沉淀的技术创新成果活化其商业潜力，实现其商业价值。

总之，海洋能产业技术创新体系是现代科学技术逐渐渗入经济增长、结合海洋资源不断蜕变的现代化产物。由于受到产业自身的特点、地理环境、经济文化等因素的影响，我国海洋能产业技术创新体系与其他产业创新系统不同，在具有内在稳定性的同时，也并非一成不变，需要汲取外界的优质能量不断改进。

2.4 我国海洋能产业技术创新体系的运行机制

市场经济条件下，任何一个企业、组织、产业、区域作为一个经济团体，都是社会经济有机体的细胞，需要一定的机制来推动经济团体，这种机制就是运行机制。我国海洋能产业技术创新体系运行机制，是产业不断追求创新的内在机能和运转方式。在我国现阶段市场经济环境下，我国海洋能产业尚属于战略性新兴产业，产业内部各项机能均要不断地磨合，有效的技术创新体系运行机制是技术创新体系各组成部分相互联结的核心，如果运行机制匮乏，技术创新体系将面临随时崩溃的风险。

我国海洋能产业技术创新活动从开始到完成，根据阶段的不同，每个阶段所侧重和需要的运行机制也不同。在市场经济体制下，经济环境中的任何一个单位组织都要受到国内和国外环境的双重影响，当国际海洋能技术传来新的讯息时，或国内海洋能产业内的其他组织收获了新一轮的创新成果时，或其他行业发来生存危机警号时，产业系统内的技术创新活动便应运而生。

　　如图 2.2 所示。技术创新活动初期，受内外环境因素和追求高额利润的
双重驱动下，我国海洋能产业系统内不管是大学、科研机构还是技术性企业，
都开始萌生技术创新动力，并在各种创新动力因素的驱使下，具有资金实力
或技术水平的单位最先发起技术创新活动，在汲取其他创新成果知识外溢的
基础上，挖掘市场切入点，寻找最有价值的商机，以论文、专利、商业投资、
新产品、技术发明等成果产出为最终目标，实施技术创新行为，这一时期以
动力机制为主，动力要素及要素之间的相互作用对创新体系的运行起着至关
重要的作用。

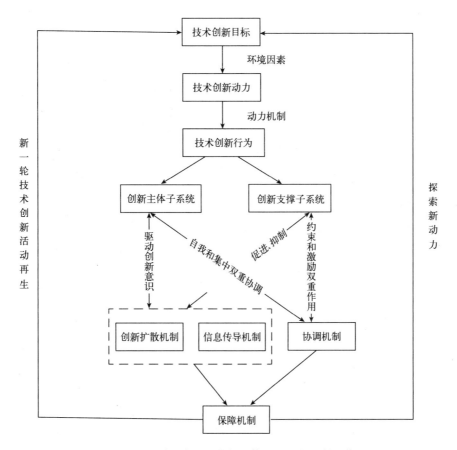

图 2.2　我国海洋能产业技术创新体系的运行机制运作过程

　　随着技术创新行为的提出，技术创新活动进入了开展、实施阶段。创新
活动并不是有了人员和经费就可以自动进行，它要依托一定的社会组织，研
究机构、大学和技术型企业成为创新活动基本组织单元的同时，从事创新活

动也需要一定的物质技术条件为支撑，创新支撑子系统所提供的政策环境、法律法规制度保障从国家层面对创新提供引导、支持和管理，服务环境和金融支持保障等资源环境既为技术创新活动提供市场需求，又是经费筹集的源头保证，而基础设施条件又是一切活动能够实施的前提和基础，这些支撑资源如何能够有效地与创新主体相结合，凸显了协调机制的重要性，创新系统的协调机制不仅要协调创新主体之间的相互关系和创新主体本身内部资源的协调，而且要协调创新主体与创新支撑系统内资源之间的相关作用关系，支撑系统对创新主体的协调主要表现为约束和激励，通过控制资源和环境进一步或约束或激励创新主体创新行为的实施过程，整个过程涉及物质、资金、政策等方面的内容。在创新活动的开展实施阶段，除了协调机制发挥重要作用之外，创新扩散机制和信息传导机制同样发挥着至关重要的作用。如图 2.2 所示，创新主体之间需要通过自愿交流创新想法和观念，相互之间通过隐性知识和经验的传递和学习，挖掘更有价值、更具见解、更有突破性的技术创新概念，这一过程要受到创新支撑系统的或抑制或促进的控制。当然，这一过程可以发生在协调机制之前，也可以与协调机制同时发生，说明技术创新不受时间和空间的控制。在这一阶段，动力机制相比初创期的势头有所下降，发展机制和协调机制显得更为重要。

当创新成果在实验室或其他研究场所即将浮出水面时，产业便进入了创新成果转化阶段。这一时期的任务是将技术创新成果通过技术市场、第三方中介服务机构或商业服务机构实现其商业价值，通过开拓多方面销售渠道，将创新环境和创新资源作用于创新主体所形成的我国海洋能产业技术创新成果的实体显示物公诸社会和国内外市场，这一过程需要保障机制的保驾护航，保证成果的及时转化，保证政策环境的及时制定和改善，保证创新过程中出现的问题及时向政府、行业、市场和社会反馈，保证整个创新活动的各个阶段人力、物力和财力的充裕等。在这一时期，除将成果转化之外，另一个重要的工作就是总结本阶段创新经验，挖掘新的创新点，尽快开展新一轮的创新活动，付诸新的创新行为，进入新一轮技术创新周期，这样的良性循环，一方面可以提升我国海洋能产业的技术创新能力，另一方面也可以使我国尽快占据海洋能产业技术创新制高点，增强国际竞争力。在这一运行阶段，保障机制最为关键，动力机制和发展机制及协调机制贡献程度相对降低。

第3章 我国海洋能产业技术创新主体子系统研究

3.1 我国海洋能产业技术创新体系主体分析

3.1.1 海洋能产业技术创新——专门研究机构

研究机构一般被视为技术创新的知识供给者，在国家创新系统中有其特有的定位。在我国海洋能产业技术创新研究过程中，研究机构和大学承担着基础研究的重要角色，但研究机构与大学相比，在科研投入、研发人员、基础设施方面，都比大学拥有着更好的条件。国家海洋局及其下属研究所、国家海洋信息中心、国家海洋技术中心、国家海洋局海洋可再生能源开发利用管理中心、国家海洋局海洋科学技术司、中国水利水电科学研究院、中国科学院电工研究所、国家海洋局海洋发展战略研究所、国家海洋标准计量中心及各省份海洋与渔业局等研究机构都隶属于我国政府事业单位，由国家财政统一拨款，是我国海洋能资源研究领域的重要组成部分，在海洋技术及海洋能产业研究方面起着重要的基础研究作用，长期从事以国家战略方针为指导的基础研究工作，为国家产业发展提供重大技术行为或公共技术行为，推广科研成果的应用研究工作，如国家863计划、908项目等，但这些基础研究工作研发周期和技术扩散周期均较长，与企业短期研发行为相比，短期新产品和发明专利产出不显著，但对整个国家和社会经济发展起着不可估量的作用。2010年财政部、国家海洋局组织设立了海洋可再生能源专项资金，并顺利启动实施了我国首批海洋能专项资金项目，对我国海洋能发展起到了重要引导作用，使我国海洋能事业得到快速发展。2011年我国签署加入了国际能源署海洋能系统实施协议(IEA OES—IA)，成为IEA OES—IA第19个成员，同年4月国家海洋技术中心作为协议缔约方代表中国出席了本次会议，并与丹麦、葡萄牙、英国、爱尔兰等海洋能大国进行了全面的交流，提交了有关海洋能开发利用的政策规划、技术研发、装备制造及工程示范等内容的报告，掀开了我国海洋能事业新的篇章。

自 2010 年海洋可再生能源专项资金设立，在 2010—2011 年两年时间，海洋可再生能源专项资金收到的项目申报数量和涉及的申报领域都有显著的增加，如图 3.1 所示。

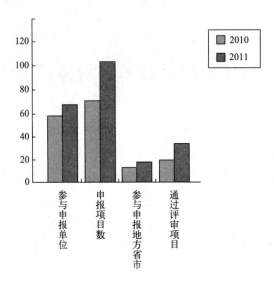

图 3.1　2010—2011 年海洋可再生能源专项资金项目申报情况

据统计，2010 年参与申报的项目主要包括国家项目、青岛市项目、山东省项目、浙江省项目、广东省项目，专项资金投入情况分别为 2.15 亿元、0.06 亿元、0.3 亿元、0.253 亿元和 0.06 亿元。其中，专项资金项目支持额度最大的为海岛示范项目，占所有项目资金的 37%，约 1.05 亿元；其次是并网示范项目，约占 32%；支持力度最小的是产业化示范项目，约占 5%。2011 年申报的项目中，产业化示范项目共 4 项，表明我国在海洋能产业方面的投入已明显增加。

3.1.2　海洋能产业技术创新——高等院校

Doutriaux 在其研究中指出，大学等高等院校更接近于技术创新的追随者，而非技术创新的驱动。我国目前以海洋特色为依托的高等院校主要有：中国海洋大学、哈尔滨工程大学、天津大学、大连理工大学、上海交通大学、南京大学、上海海洋大学、江苏科技大学、厦门大学、浙江大学、河海大学、东北师范大学、青岛理工大学、集美大学、浙江海洋学院、中国地质大学、宁波大学、海南大学、华南理工大学、中山大学、广东海洋大学等近 40 所本科以上高等院校。其中，国家"211"重点建设大学有 13 所，以中国海洋大学最为突出，这些大学不仅拥有雄厚的海洋师资力量，而且能够长期钻研海洋能领域最前沿技术，在全国高等学府中起到了表率和带头的作用，为其他高等院校开启海洋领域科研活动指明了方向。目前，大学对科研人员的激励主要侧重在科技论文产出上，以 SCI、SSCI、CSSCI、EI 等权威性期刊科学引文索引为主，进而许多大学教师关注海洋和海洋能技术方面新的发明和知识的进步，注重科学研究的长期回报，以论文产出发表他们的最新研究成果。

此外，高等院校的科研积极性和创新积极性很大程度上受科研项目资助额大小影响。如果投入资金小于研发成本，那么教师和研发人员会觉得亏本而转做其他事情，但是投入过多，又显得没有必要。因此，对科研项目投入资金阈值的掌握十分重要。目前，在全国大学中存在这样一个普遍的现象，科研项目资助额度如果在 1 万 ~ 2 万元，申请的积极性并不高，而国家级项目或国家自然科学基金项目或国家软科学项目资助一般维持在 15 万 ~ 30 万元，对这些项目申请的积极性明显超过一般项目。但由于全国范围内高等院校科研水平参差不齐，国家支持力度有所不同，因此，对申请项目的积极程度也有所不同，有些单位对公益性项目也持有较高的热情。

通过元分析文献检索法，以中国知网 CNKI 为工具，统计 2000—2011 年年底全国高等院校发表与海洋能相关的文章数量，统计结果如图 3.2 所示。

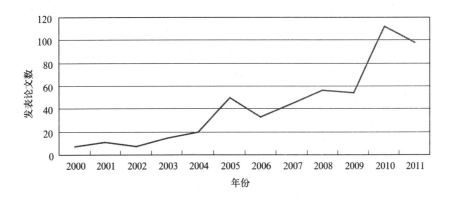

图 3.2　2000—2011 年海洋能相关论文发表情况趋势变化图

2000—2005 年为我国"十五"时期(如图 3.2 所示),各大高校对于新能源海洋能的研究正处于起步阶段,据统计,水电、沼气、生物液体燃料、风电、太阳能利用在此期间得到了显著进展,可再生能源的作用逐步增大,显示出良好的发展势头。2005 年我国《可再生能源法》的颁布,标志着我国可再生能源发展进入了一个新的历史阶段,发表论文数量也从 2004 年的 20 篇迅速增长到 50 篇。2006—2010 年为我国"十一五"时期,"十一五"规划指出,提高可再生能源在能源结构中的比重是该时期的首要任务,到 2010 年初步建立可再生能源技术创新体系,具备较强的研发能力和技术集成能力,形成自主创新、引进技术消化吸收再创新和参与国际联合技术攻关等多元化的技术创新方式。与"十五"时期相比,此期间发表论文数量有大幅度提高,波浪能研究显著,温差能和盐差能也有了一定的研究,重要原因在于 2010 年我国首批海洋可再生能源专项资金项目的设立,对海洋能研究是一个重大的推动因素。2011—2015 年"十二五"规划明确提出,在国内外资源环境日趋紧张的趋势下,必须加强危机意识,树立绿色低碳发展理念,以节能减排为重点,建设资源节约型、环境友好型社会,增强可持续发展能力,提高生态文明水平,凸显了新能源的重要性,亟待替换传统能源。截至 2011 年年底,海洋能相关论文发表约 98 篇,与 2010 年相比虽有小幅度的下滑,但从 2011 年开始,学者和研究人员关注的研究视角已不单单是波浪能,已经扩大到潮汐能、潮流能、海上风能研究领域,更有学者开始热衷盐差能和温差能的研究。据不完全统计,截至 2012 年 12 月 1 日,通过 CNKI 可以检索到的有关温差能和盐差能的文章约 10 篇,这对温差能和盐差能的研究来讲,在高校科研领域已是一大飞跃。根据以上分析,我国海洋能研究与国外相比虽起步较晚,但国内学者已开始极大地关注和投入积极的研究热情,伴随我国政府不断提出提倡和鼓励新能源开发的政策,海洋能开发利用将成为我国学者未来研究的焦点,将不断发表优质的学术论文,推进我国海洋能产业技术创新改革,提升产业国际竞争力。

3.1.3 海洋能产业技术创新——生产企业

企业进行技术创新活动,往往属于目标导向型,技术创新过程追求高效率、低成本,尽快将创新成果商业化,维持其对创新成果的持有权,尽可能挖掘创新成果带来的超额利润,实现其经济价值最大化。我国海洋能资源丰富,多集中于浙江、福建等地,据不完全数据初步统计,涉及海洋能新能源产业的企业有：龙源电力集团、华锐风电科技（集团）股份有限公司、新疆金风科技股份有限公司、中航惠腾风电设备股份有限公司、广东明阳风电产业集团有限公司、湘电集团有限公司、新奥集团、中国华能集团公司、中国大唐集团公司、中国电力投资集团、中国国电集团公司、哈电集团、中国节能环保集团、中船工业集团、中船重工集团。上述企业大都属于国有企业或国有控股企业，在科研、实验、发明方面拥有坚实的基础设施条件和先进的生产研发设备，资金多来源于政府或自有资金，在我国海洋技术研究处于起步阶段的市场经济中，以上企业对我国海洋技术和海洋经济的发展起到了重要的促进作用。其中，中国电力投资集团陆启洲表示，"十二五"时期是建成国际一流能源企业集团的攻坚时期。目前，中国电力投资集团的清洁能源比例已经达到30%。按照中国电力投资集团"三步走"发展规划，到"十二五"规划末，清洁能源比例将达到40%。据他介绍，2020年中国电力投资集团清洁能源比重将提高到50%。中国国电集团公司于美国当地时间2012年1月18日与美国 UPC 管理集团签署了《风电领域战略合作框架协议》，根据协议，双方将共同开发、建设、运营7个规划装机总容量超过1 075 MW 的合作风电项目，投资总额超过人民币100亿元，这一举措预示着我国在风电领域将迎来更大的市场。因此，这些从事海洋能生产的企业，作为创新主体，必须以最有效的方式配置可利用的创新资源，获取并增强技术创新能力，实现依靠其自身不可能完成的技术突破，进而研发并生产出更具有竞争力的新产品、新服务。

我们用经济学的视角阐释企业追求技术创新的动力。如图3.3所示，企业的利润等于企业产品的收益与成本之差，即图3.3中 BCDE 部分的面积，或等于价格减去成本之后与产量的乘积，即$(BO-CO) \times OQ_0$。从图3.3中可以看出，假设市场中只有一个企业，它的价格受到政府管制，若政府允许其将价格定位边际成本等于需求价格水平，那么企业虽然未在成本最低处生产，但是获得全部的利润。企业若想获得更多的超额利润，通过以上分析可以发现，开发一个新的产品市场是最佳途径。根据产品差异的特点，产品间差异性越大，产品之间可替代性越低，新产品的开发就不会影响原有产品的销售利润，那么企业可以通过这种方式来建立壁垒保护自己的既得利益。这种利润渠道的形成，促使具有冒险意识的企业家或研究人员去探索，挖掘市场的潜在消费意识，主动地以投资或募资的方式创造新的产品获取利润。此外，生产要素之间的价格差异会使生产者节约相对昂贵的要素，其方法就是创新。这种以追求利润最大化方式的企业技术创新活动对产业内的其他企业在某种程度上发挥着一定的示范作用和激励作用，加快了我国海洋能产业系统内技术创新成果的产出。

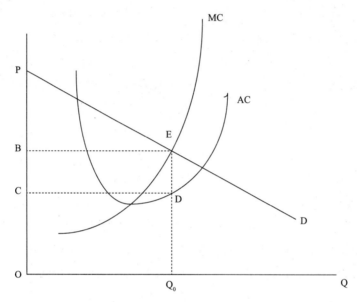

图 3.3　技术创新企业市场利润

3.2　我国海洋能产业技术创新体系主体间的合作现状分析

3.2.1　合作现状的元分析

企业、研究机构和高等院校共同构成了我国各个产业技术创新体系的研发主体，其中，高校作为国家创新体系的重要组成部分，是知识创造和知识扩散的重要场所。高校与高校间的合作研究，高校与科研机构间的合作研究，高校与企业间的合作研究，是目前产业技术创新体系研究中产学研合作研究的重要组成部分，三者相互交织共同构成了各产业技术创新产学研合作研发系统。而我国海洋能产业属于战略性新兴产业，是我国"十二五"规划中重点培育和发展的产业，调查研究发现，由于海洋能产业研究起步较晚，高等院校、科研院所和企业作为产业技术创新体系的研发主体，各自研发能力相对较弱，现阶段研究多以产学研合作为主，各创新主体在网络结构中功能各异，又缺一不可，相互耦合，成为我国海洋能产业技术创新体系运行的基本动力。

通过元分析文献检索法，国内外学者在产学研合作领域研究成果颇丰。与本研究内容和角度相关的代表性文献有：Etzkowitz 和 Leydesdorff 提出"官产学"三螺旋创新模型，为后续学者研究产学研创新模型提供了理论基础。冯锋等从创新网络的角度出发，分析了产学研创新网络的结构特征。仲伟俊等从企业角度出发，研究了中国产学研技术创新合作模式。以上文献均说明了产学研合作创新是技术发展的重要方式。目前，我国海洋能产业技术创新体系内产学研技术创新合作研究成果多以专利形式表现，因而从专利角度出发的产学研合作研究也逐渐增多。Motohashi 基于专利合作信息视角，以 1985—2005 年专利合作统计数据为研究基础，分析了中国科学部门和产业部门之间的关系。结果表明：高校与企业间合作频次不断增加，研究机构与企业合作程度有所下降。王朋等和陈仁松等分别以清华大学和武汉市高校专利授权情况为例进行研究，结果表明：产学研合作对专利成果具有重要的促进作用。综上可知，国内外学者在产学研合作创新领域进行了大量研究，或基于高校层面，或从产学研合作模式宏观层面出发，而对我国海洋能产业层面的产学研合作研究微乎其微，特别是针对我国海洋能产业技术创新体系内部每个创新主体的行为研究尚未有成体系的研究，更无法反映相互间的合作研究。因此，不管是从宏观层面还是从微观层面，目前国内外学者针对我国海洋能产业技术创新体系创新主体间的合作研究基本属于空白阶段。

3.2.2　主体子系统内产学研合作现状

海洋能产业是我国战略性新兴产业，作为"十二五"重点发展的产业之一，2010 年专项基金设立以来，我国科研机构、大学和企业对海洋能技术创新的研究活动大幅度增加，与"七五"以来的零散海洋能项目数量相比，近几年海洋能项目的迅速增加从某种程度上表明我国海洋能产业的快速发展。本研究以产学研合作创新为研究主体，试图通过产学研创新网络的实证分析探索近年来海洋能技术创新活动的发展情况。专利申请情况并不能全面反映产学研技术创新合作情况。因此，本书以产学研合作申请海洋能项目为评价指标，这些项目能够反映产学研组织间基于合作创新所带来的知识扩散、知识共享和知识转移活动，进而自发地形成一种非正式的合作网络。本书以海洋能项目申请情况为实证研究数据来研究我国海洋能产业技术创新产学研合作创新网络,从国家海洋局、中国海洋大学等从事海洋能技术创新活动较为活跃的主体获取数据,归纳整理形成海洋能项目申请情况汇总数据库,这个数据库包括我国从事海洋能研究的科研机构、大学和企业近年来所有海洋能项目的详细资料。科研机构、大学和企业所构成的产学研合作创新网络可以有效地映射我国海洋能产业从基础性创新到应用性创新的全部特征。由于我国从事海洋能研究起步较晚,大规模的科研活动从 2010 年专项基金建立开始,因此,海洋能项目申请情况与其他项目申请情况不同,并没有近 5 年或者 10 年有规律的统计数据,本书从产学研合作创新研究项目入手,将 2010 年以来所有海洋能项目申请情况汇总(见表 3.1)。

表 3.1　2010 年以来我国海洋能项目申请情况汇总

序号	项目名称	实施单位	承担单位
1	成山头海域建设波浪能、潮流能海上试验与测试场的论证及工程设计	国家海洋局海洋科学技术司	中国海洋大学;青岛市机械工业总公司;中南勘测设计研究院
2	岱山潮流能资源勘查、储量评估及功能区划研究	浙江省海洋渔业局	浙江海洋学院;岱山科技开发中心
3	固定式双转子导流增强型潮流独立发电系统产业化	浙江省海洋与渔业局	哈尔滨工程大学;岱山县高亭船厂;国家海洋技术中心;哈电集团发电设备国家工程研究中心有限公司
4	海洋能独立电力系统示范工程	山东省海洋与渔业厅	华南理工大学;山东三融集团有限公司;国家海洋局海洋可再生能源开发利用管理中心
5	山东省长岛县猴矶岛海洋能独立电力系统示范工程	国家海洋局海洋科学技术司	中国海洋大学;烟台银都实业有限公司;中南勘测设计研究院;三一电气
6	适应低能流密度的复合波浪能转换模式及关键技术研究	国家海洋局海洋科学技术司	华南理工大学;广东省海洋与渔业服务中心
7	新型高效波浪能发电装置的研发与应用	国家海洋局海洋科学技术司	中山大学;广东中大南海海洋生物技术工程中心有限公司
8	新型永磁直驱式潮流发电装置研究与实验	青岛市海洋与渔业局	哈尔滨工业大学(威海);青岛斯壮铁塔有限公司;国家海洋局海洋可再生能源开发利用管理中心

续表

序号	项目名称	实施单位	承担单位
9	漂浮式潮流能电站海岛独立发电应用示范	国家海洋局海洋科学技术司	岱山县科技开发中心；舟山市飞舟新材料有限公司
10	波浪能、潮流能海上试验与测试场建设论证及工程设计	国家海洋局	中国海洋大学；国家海洋技术中心；交通运输部天津水运工程科学研究院；天津海油工程技术有限公司；国家海洋标准计量中心；中央财经大学中国发展和改革研究院能源经济研究中心
11	波浪能、潮流能能量转换效率模拟测试技术研究	国家海洋局	大连理工大学；天津理工大学；天津大学；中国海洋大学；国家海洋技术中心；国家标准计量中心
12	潮汐能和潮流能重点开发利用区资源勘查与选划	国家海洋局海洋科学技术司	中国海洋大学；国家海洋技术中心；国家海洋局海洋可再生能源开发利用管理中心；国家海洋局东海信息中心；国家海洋局第一海洋研究所；中国科学院海洋研究所；中国水电工程顾问集团华东勘测设计研究院；山东省海洋水产研究所；福建省海洋预报台
13	海洋观测平台 5 kW 模块化潮流能供电关键技术研究与试验	国家海洋局	东北师范大学；天津工业大学；吉林兰海新能源科技有限公司
14	海洋能勘察及评价标准的研究和制定	国家海洋局海洋科学技术司	中国海洋大学；同济大学；天津大学；南开大学；国家海洋标准计量中心；国家海洋局海洋可再生能源开发利用管理中心；中国水电顾问集团华东勘测设计研究院；国家海洋技术中心；中国标准化协会
15	轴流式潮流能发电装置研究与试验	国家海洋局	中国海洋大学；济钢集团重工机械有限公司；潍坊凯力石油化工机械有限公司

续表

序号	项目名称	实施单位	承担单位
16	横轴转子水轮机波浪发电系统开发	国家海洋局	中国水利水电科学研究院
17	华能海南波浪能并网发电师范项目	国家海洋局海洋科学技术司	华能新能源股份有限公司；国家海洋局海洋可再生能源开发利用管理中心
18	南海海岛海洋能独立电力系统师范工程	国家海洋局	中国科学院广州能源研究所；珠海兴业新能源科技有限公司；江苏康家科技有限公司
19	浙江省舟山市岱山海域海洋能并网电力系统师范工程	国家海洋局	中国节能环保集团公司；重庆中节能实业有限责任公司；国家海洋技术中心
20	大唐荣成 4×300 kW 海流能并网示范工程	国家海洋局	大唐山东发电有限公司；哈尔滨工业大学科技园有限公司；山东电力工程咨询有限公司；哈尔滨电机厂有限公司
21	波浪能耦合其他海洋能的发电系统关键技术研究与开发	国家海洋局海洋科学技术司	集美大学；国家海洋局海洋可再生能源开发利用管理中心
22	基于潮流能、波浪能耦合的独立海岛发电、制淡系统试验与研究	国家海洋局海洋科学技术司	浙江大学宁波理工学院；宁波海洋开发研究院；宁波欣达集团有限公司；宁波成舟机电科技有限公司
23	用于海洋资料浮标观测系统的波浪能供电关键技术的研究与试验	青岛市海洋与渔业局	中国海洋大学；青岛海纳重工集团公司
24	嗜热真菌热稳定耐甲醇脂肪酶创制及在微藻生物柴油转化中的利用	国家海洋局海洋科学技术司	山东农业大学
25	能源微藻规模化生产关键技术及装备研究	上海市海洋局	上海海洋大学
26	面向实时传输海床基的波浪能供电关键技术研究与试验	省级海洋行政主管部门	上海海洋大学；国家海洋局东海标准计量中心；上海电气临港重型机械装备有限公司；北京京川国能科技有限公司

序号	项目名称	实施单位	承担单位
27	液压浮子式波浪发电装置的研发	天津市海洋局	哈尔滨工程大学；天津海津海洋工程有限公司；中国船舶重工集团公司 704 研究所
28	恶劣海况下自保护式高效稳定波浪发电装置	浙江省海洋与渔业局	浙江海洋学院；浙江省舟山市水利勘测设计院
29	抗风浪高效波浪能发电装置的研发与应用	广东省海洋与渔业局	中山大学；广东中大南海海洋生物技术工程中心有限公司
30	潮流发电技术研究、实验项目	国家海洋局海洋科学技术司	开滦集团公司；中国船舶重工集团公司 702 研究所；唐山开滦铁拓重型机械有限责任公司
31	海州湾海洋管理监测平台 20 kW 波浪能发电新装置研究与试验	江苏省海洋与渔业局	连云港市海域使用保护动态管理中心；广州海电技术有限公司
32	新型高效低水头大流量双向竖井贯流式机组开发与研制	国家海洋局海洋科学技术司	河海大学；浙江中水发电设备有限公司
33	海上波浪能与风能互补发电平台的研发	国家海洋局海洋科学技术司	华北电力大学
34	浮体绳轮波浪发电技术研究与试验	国家海洋局海洋科学技术司	山东大学；威海职业技术学院；威海天力电源科技有限公司；北京金风科创风电设备有限公司
35	组合型振荡浮子波能发电装置的研究与试验	国家海洋局科学技术司	中国海洋大学
36	新型竖轴直驱式潮流能发电装置的研究与试验	国家海洋局	大连理工大学；海军大连舰艇学院；上海洋山同盛港口有限公司；中交第三航务工程勘察设计院有限公司
37	共水平轴 15 kW 自变距潮流能发电装置	国家海洋局海洋科学技术司	东北师范大学；天津工业大学；吉林兰海新能源科技有限公司
38	基于潮流能利用的变几何水轮机发电装置的研制	国家海洋局海洋科学技术司	上海交通大学

序号	项目名称	实施单位	承担单位
39	海洋微藻制备生物柴油耦合 CO_2 减排技术研究与示范	国家海洋局海洋科学技术司	暨南大学；青岛科技大学；宁波大学；青岛大学；国家海洋局第一海洋研究所；大唐黄岛发电有限责任公司；中国科学院海洋研究所
40	海洋微藻生物柴油规模化制备关键技术与装置的优化、耦联及应用研究	国家海洋局海洋科学技术司	厦门大学；北京化工大学；中国海洋大学；华东理工大学；中国科学院海洋研究所；青岛七好生物科技有限公司
41	规模化培养海洋能源微藻制备生物柴油技术装备集成与示范	国家海洋局海洋科学技术司	北京大学；华南理工大学；中国科学院南海海洋研究所；三亚海王海洋生物科技有限公司
42	锚定式双导管涡轮潮流发电系统研究	国家海洋局海洋科学技术司	哈尔滨工业大学（威海）；中国海洋大学；深圳市海斯比船艇科技股份有限公司
43	用于海洋观测设备的直驱式波浪发电关键技术研究与试验	国家海洋局海洋科学技术司	东南大学；南京海事职业技术学院；江苏三江电器集团有限公司
44	海洋观测平台温差能供电关键技术研究与试验	国家海洋局海洋科学技术司	山东科技大学；燕山大学；河北科技大学；秦皇岛职业技术学院；国家海洋技术中心
45	海泥电池能源供电关键共性技术及驱动监测仪器实海验证研究	国家海洋局海洋科学技术司	中国海洋大学
46	福建沙埕港八尺门万千瓦级潮汐电站站址勘查及工程预可研	国家海洋局海洋科学技术司	中国海洋大学；中国水电顾问集团华东勘测设计研究院；国家海洋局闽东海洋环境监测中心；国家海洋技术中心；福鼎海洋环境监测站；大唐福建分公司
47	波浪能与潮流能独立电力系统综合测试技术	国家海洋局海洋科学技术司	天津大学；国家海洋技术中心；国家海洋局北海海洋技术保障中心；中国电力科学研究院

续表

序号	项目名称	实施单位	承担单位
48	波浪能重点开发利用区（OE—W01 区块）资源勘查和选划	国家海洋局海洋科学技术司	中国海洋大学；国家海洋局第一海洋研究所；中国科学院海洋研究所；国家海洋技术中心；国家海洋局北海预报中心
49	海洋能国际标准研究与基础标准制定	国家海洋局海洋科学技术司	哈尔滨工程大学；中国海洋大学；天津大学；南开大学；同济大学；国家海洋技术中心；中国水电顾问集团华东勘测设计院；中国海洋学会海洋经济分会；中国科学院广州能源研究所
50	支撑海洋能源微藻高效培养的敌害生物防治技术	国家海洋局海洋科学技术司	中国科学院海洋研究所；东营大振生物工程有限公司
51	厦门市马銮湾万千瓦级潮汐电站建设的站址勘查、选划及工程预可研	国家海洋局海洋科学技术司	大唐国际发电股份有限公司；中国水电顾问集团华东勘测设计研究院；国家海洋局东海信息中心
52	波浪能重点开发利用区OE—W2 区块资源勘查和选划	国家海洋局海洋科学技术司	国家海洋局第二海洋研究所；国家海洋局东海预报中心；国家海洋局东海信息中心；国家海洋局东海标准计量中心；国家海洋局温州海洋环境监测中心站；国家海洋局闽东海洋环境监测中心站；国家海洋局厦门海洋环境监测中心站；国家海洋局第三海洋研究所
53	波浪能重点开发利用区OE—W03 区块资源勘查和选划	国家海洋局海洋科学技术司	国家海洋局第三海洋研究所；福建省海洋预报台；国家海洋局第二海洋研究所
54	筏式液压波浪发电装置	国家海洋局海洋科学技术司	中国船舶重工集团公司第 710 研究所
55	浙江省嵊山岛海洋再生能源多能互补独立电力系统示范工程	国家海洋局海洋科学技术司	中国船舶重工集团公司第 711 研究所；国家海洋技术中心

续表

序号	项目名称	实施单位	承担单位
56	利用海湾内外潮波相位差进行潮汐能发电的环境友好型潮汐能利用方式的可行性研究	国家海洋局海洋科学技术司	国家海洋局第二海洋研究所；水利部农村电气化研究所
57	磁流体波浪能发电技术及其海试样机的研究与试验	国家海洋局海洋科学技术司	中国科学院电工研究所；中国科学院力学研究所；海南省海洋开发规划设计研究院
58	10 kW 水母式波浪能发电装置研究与试验	国家海洋局海洋科学技术司	中国科学院广州能源研究所
59	海洋能资源勘查与选划成果整合与集成	国家海洋局	中国海洋大学；国家海洋技术中心；国家海洋局第一海洋研究所、第二海洋研究所、第三海洋研究所
60	海洋能开发利用技术标准与规范成果整合与集成	国家海洋局	中国海洋大学；哈尔滨工程大学；国家海洋标准计量中心；国家海洋技术中心；中国标准化协会；中国国际经济交流中心；国家海洋局第一海洋研究所；潍坊市海洋环境监测中心站
61	海洋能专项技术成果整合与集成	国家海洋局	中国海洋大学；哈尔滨工程大学；东北师范大学；浙江大学宁波理工学院；国家海洋技术中心；中国科学院广州能源研究所；中国船舶重工集团公司第 710 研究所；青岛海斯壮铁塔有限公司
62	江厦潮汐试验电站 1 号机组增效扩容改造	国家海洋局	清华大学；龙源电力集团股份有限公司；温岭江厦潮汐试验电站；华东勘测设计研究院
63	海上试验场综合测试与评价集成系统一期建设	国家海洋局	中国海洋大学；天津大学；华北电力大学；国家海洋技术中心；中国电力科学研究院；国家海洋局烟台海洋环境监测中心站；山东航天电子技术研究所

序号	项目名称	实施单位	承担单位
64	L1 泊位潮流能试验平台研建	国家海洋局	中诚国际海洋工程勘察设计有限公司
65	大万山岛波浪能独立电力系统示范工程	国家海洋局海洋科学技术司	中国船舶重工集团公司第 710 研究所
66	海洋能海上试验场输配电系统一期建设	国家海洋局海洋科学技术司	山东电力集团公司；山东电力工程咨询院有限公司；中国电力科学研究院

资料来源：国家海洋局和国家统计局。

由表 3.1 可以看出，2010 年以来，我国海洋能项目申请总数为 66 个。据国家海洋局提供的资料显示，2010 年以前，我国海洋能项目申请总数约为 12 个，相比而言，我国海洋能专项资金的建立对海洋能技术创新活动具有重要的促进作用，不考虑项目时间的重叠性，据统计，2010 年项目申请总数为 20 个，2011 年项目申请总数为 38 个，2012 年项目申请总数为 8 个，由于其中某些项目研发持续时间较长，年份出现重叠性。因此，我国海洋能产业产学研合作技术创新基本呈现波动性逐年增加趋势。

3.3　我国海洋能产业产学研合作创新网络运行评价

本书选取以海洋特色为主的高等院校、从事海洋研究工作的科研机构、生产与海洋技术相关的企业组织作为样本，通过向这些调查对象发放问卷的形式，运用社会网络分析的方法，研究我国海洋能产业技术创新体系内产学研的分工协作关系。社会网络分析法的优点在于可以凸显网络结构内各个主体的地位，通过社会网络分析法，将创新体系内大学、科研机构和企业的技术创新地位很清晰地以图谱的方式展示出来，进而深入探析目前各创新主体在创新合作网络中所处位置及对创新系统的贡献程度，识别影响我国海洋能产业技术创新体系产学研网络的重要因素，揭示我国海洋能产业技术创新体系内各创新主体的运行机制。

3.3.1　社会网络分析法理论基础

从网络节点和整体网络两个维度展开研究，用网络结构来研究网络结点特征，反映网络结点在网络中的地位、作用以及与其他结点连接情况；用网络聚类分析来研究整体网络特征，反映整体网络连接频繁程度以及整体网络内聚类分布情况。通过元分析和文献检索显示，网络结构对网络内成员合作创新研究相对较少。代表性研究有：Granovetter 通过大量实证分析了两人间交往频率，以联系强度为标准，结果显示：联系可区分为强联系和弱联系，社会网络应用由此展开。随后，各国社会网络学家以联系强度为基础，相继提出了一系列反映社会网络结构特征的变量。Freeman 等提出网络成员"中心性"概念，主要包括网络成员的中心势和中间中心势两个变量。Burt 提出结构洞变量，充分论述了桥接结构洞的网络成员及其优势地位对网络结构的促进作用。因此，本书详细分析了网络结构对网络内成员的知识交流和互作关系。在借鉴现有研究成果的基础上，结合我国海洋能产业产学研项目合作情况，本研究采用社会网络分析法，将中心地位、结构洞和中间中心地位 3 个参量纳入网络结构，并分析它们对网络成员合作创新的影响。

3.3.1.1 中心地位

中心地位是网络结构的中心，与其他很多点都有直接或间接的联系，在整个网络结构中，中心地位仅有一个点，该点所代表的行动者是整个网络其他行动者关注的焦点，能够获得更多的信息资源。Gomes - Casseres 等提出处于中心地位的行动者与其他结点的行动者相比，在获取流动资源、合作途径方面具有更多的优势，并指出知识和信息的共享与创造效率是与成员所处网络中心地位正向相关的。网络成员中心地位的提高使其在知识学习、获取利用和知识扩散方面获得更多的机会，进而提升整个网络的创新效率和核心竞争力，增加网络内行动者的自信度和风险承受能力。国内学者在中心地位正向促进网络成员创新能力方面也颇有成绩。栾春娟等运用社会网络分析法对2006 年世界数字信息传输技术领域 27 572 项专利发明者状况进行计量分析，结果显示：高产发明者科研绩效与其在合作网络中的中心度呈现明显的正相关。周密等研究考察了团队成员个人团队内的社会网络中心性和网络信任对团队内部知识转移成效的影响，认为团队成员个人在团队内的社会网络中心性对个人知识在团队内转移的成效以及个人团队内的网络信任均具有促进作用。施杨等基于社会网络的研究思路，绘制了成员间的知识交流网络图谱，研究表明，团队知识扩散的深度和广度与组织成员中心性显著正相关。

3.3.1.2　结构洞

美国社会网络学家 Burt 提出结构洞是指社会网络结构中某个或某些个体与其他个体之间发生直接联系，但与有些个体不发生直接联系、无直接关系或关系间断的现象。从整个网络来看，网络结构中好像出现了洞穴，而桥接结构洞的行动者与其他行动者相比对于网络具有非常关键的作用。依据上述有关结构洞机制的概述，桥接结构洞的行动者更容易获取网络资源和外部机会与信息，能够受益于网络资源以及网络的合作协调机制。由于桥接结构洞的行动者与网络内其他成员可以一直保持着频繁和紧密的连接，进而提高了整个网络的运行效率。因此，结构洞被认为对网络成员共同发展具有积极的正向促进作用。诸多学者对上述论点进行了大量的研究。Andrew V. Shipilov 以加拿大投资银行为研究网络，发现桥接更多结构洞的银行其运行绩效都高于其他银行。赵凌云试以结构洞理论分析芦溪企业与普通村民之间的关系，认为政治精英凭借与企业主和普通村民的关系占据了社会网中的有利位置，有利于实现村庄的构建。陈婷婷从社会关系的视角考察公共关系理论和实践中存在的结构洞现象，验证了桥接结构洞的人更有优势。盛亚和范栋对结构洞做出了更加深入的分析，将其划分为自益性结构洞和共益性结构洞，创新企业要根据不同的关系类型，利用结构洞分类理论建立相应的结构洞，不断地对企业创新网络进行重构，提高企业的网络创新能力。

3.3.1.3　中间中心地位

中间中心性指通过一个顶点有多少条途径相连，用来测度网络成员对于其他成员交流的中间性程度和对信息的控制程度。Burt 指出处于中间中心性的网络成员能够获得信息优势和控制优势。信息优势强调网络成员占据中间中心性地位可以获取多方面的有效信息，成为信息和知识的集中、扩散中心；控制优势将最初没有联系的两两结点相互连接。因此，中间中心性具有调和双方的独特优势，处于网络结构的枢纽位置，通过网络内成员彼此之间知识、信息的碰撞和交流，能够迸发出更多的新思想、新观念和新知识，进而促进整个网络资源的流动和知识的创新。需要特别指出的是，中间中心性较高的网络成员可能由于自身偏好、利益分配或其他因素影响，将有价值的信息和知识进行控制，不轻易扩散和传播，使得整个创新网络出现结构洞。因此，网络成员中间中心性和网络知识扩散之间并非呈一致的正向关系，网络成员中间中心性也有可能给创新网络带来更多的机会成本。

综上可知，中心地位、结构洞和中间中心地位 3 个变量，分别反映出在网络结构中中心性、桥接性以及中介性的特征，对于网络成员在网络中获取信息和知识以及对其他网络成员的控制具有不同的影响，决定了创新网络内各成员的位势、作用和功能，影响着网络成员的创新效率。

3.3.2　子系统的社会网络图谱评价

为便于数据分析，整理表 3.1 将其转化为产学研合作网络形式，第一步为确定表 3.1 所有项目在产学研合作创新网络中的分布情况，运用 UCINET 6.0 软件描述 2010 年以来我国海洋能产业内产学研合作申请项目情况，最终样本为 126 个单位，包括大学，研究机构和企业，结果见图 3.4。

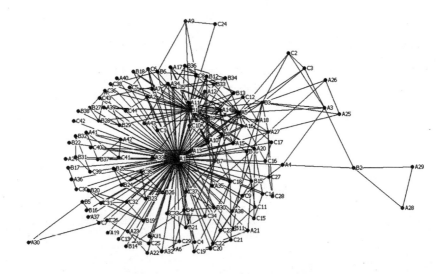

图 3.4　2010 年以来我国海洋能产业产学研合作创新网络

我国海洋能产业发展起步较晚，科技资源区域分布差异较大，从图 3.4 和表 3.1 可知，海洋产业多集中于华北地区、东北地区、华东地区和华南地区，而西北地区、华中地区和西南地区发展较为匮乏。产学研合作创新网络的技术扩散和知识转移弥补了空间上的科技资源差距，优化了人力、物力和资金等资源配置，最终推动产业发展。因此，必须以创新能力较强的产学研机构为载体，通过技术扩散和共同研发方式充分发挥大学、科研机构和企业的技术创新优势，促进科技资源在不同载体和不同区域间高效配置、综合集成，提升我国海洋能产业运行绩效和核心竞争力。图 3.4 给出我国海洋能产业内部产学研合作创新网络的空间图谱，该图由 NetDraw 软件绘制，节点表示产学研技术创新主体，即大学、科研机构和企业，节点连线表示两个创新主体之间存在着产学研机构的联合申请科研项目关系，连线的粗细表示两者之间的联系强度。从图 3.4 直观分析，A1、A5、B1 三者在整个网络中与其他个体链接的频次最多，均处于中心地位。其中，A1 代表国家海洋局，A5 代表国家海洋技术中心，B1 代表中国海洋大学，说明目前我国海洋能产业产学研合作创新过程中，国家海洋局起到了关键的主体作用，拥有相对较大的信息优势，控制着整个产学研机构海洋能项目的申请情况，与国家海洋技术中心和中国海洋大学的联系强度较大，占据整个创新网络的大部分资源，对整个创新网络具有一定的控制作用。

　　为了更加深刻地说明产学研合作创新对我国海洋能产业发展的重要促进作用，更为了说明产学研合作创新相比大学、研究机构和企业独立研发和两两合作的有效性和成本节约性，分别给出子网图谱如下。

（1）基于科研机构的子网图谱

　　基于科研机构的子网图谱如图 3.5 至图 3.7 所示。

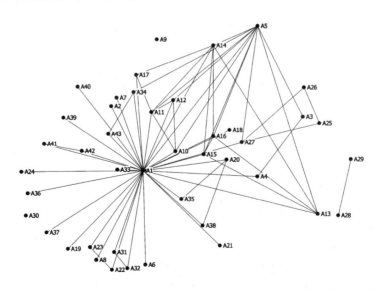

图 3.5　2010 年以来我国海洋能产业科研机构 – 科研机构项目申请子网图谱

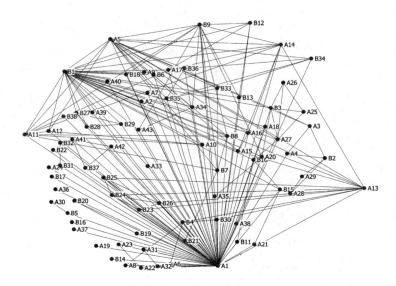

图 3.6　2010 年以来我国海洋能产业科研机构－大学项目申请子网图谱

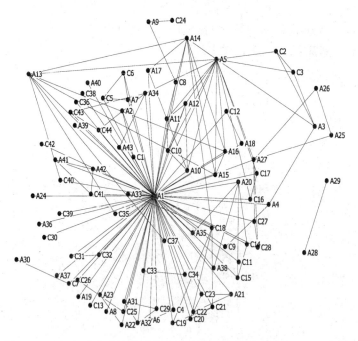

图 3.7　2010 年以来我国海洋能产业科研机构－企业项目申请子网图谱

从图 3.5 至图 3.7 可以得知，以科研机构为中心，科研机构与科研机构之间的合作关系强度和频次都远远小于科研机构－企业和科研机构－大学。科研机构－科研机构合作子网中，国家海洋局海洋科学技术司 A1、国家海洋技术中心 A5 和国家海洋标准计量中心 A11 与其他科研机构的合作次数较多，以国家海洋局海洋科学技术司为主导，属于核心结点，控制着我国海洋能产业技术创新方面的信息流动和知识流动。科研机构－大学合作子网中，单位之间的合作频次和强度明显增多，除国家海洋局海洋科学技术司 A1、国家海洋技术中心 A5 和国家海洋标准计量中心 A11 仍处于结点核心地位，中国海洋大学 B1、天津大学 B9 和哈尔滨工程大学 B3 表现相对突出，与其他单位合作的项目数量相对较多，从线的密集程度可以看出科研机构与大学之间的合作创新机会较多，充分利用两者的资源优势，即科研机构提供优秀的科研团队，大学提供实验场所，两者通过科技资源整合，降低研发成本，最大限度地完成技术创新成果。科研机构－企业合作子网中，从线的密集程度来看，合作频次多于科研机构和科研机构合作子网，但少于科研机构与大学所构成的合作子网，原因在于目前我国企业与国外企业相比，还不具备成熟的技术研发条件，特别是由于资金投入的不足，我国企业开展技术创新活动所需的基础设施条件远远不及大学和科研机构，企业的研发能力相对较差。因此，企业必须与科研机构或大学建立联盟合作关系，发挥各自的优势，充分利用企业的市场信息优势，扩展技术创新成果商业转化渠道，实现其最大价值。

（2）基于企业的子网图谱

基于企业的子网图谱如图 3.8、图 3.9 所示。

图 3.8　2010 年以来我国海洋能产业企业－企业项目申请子网图谱

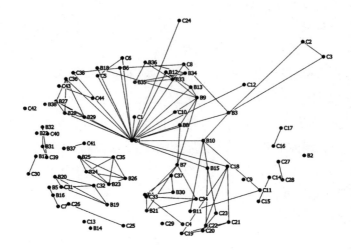

图 3.9　2010 年以来我国海洋能产业企业－大学项目申请子网图谱

　　我国企业的创新能力一直处于后期发展阶段，主要原因在于企业创新意识不强，企业领导者仍坚持以创造利润为中心。科技创新活动前期投入成本较大，收益回收周期较长，风险与利益并存，因此，很难让投资者投入大量资金开始一项研发活动，从图 3.8 可以看出，企业与企业之间的技术合作创新次数少之又少，在大学和科研机构的带领下，创新频次加强，但仍不能处于网络的结点地位，图 3.9 显示，企业和大学的科技资源均存在严重的浪费，不能有效地将其连接起来，凸显出科研机构的重要作用。

（3）基于大学的子网图谱

　　基于大学的子网图谱如图 3.10 所示。

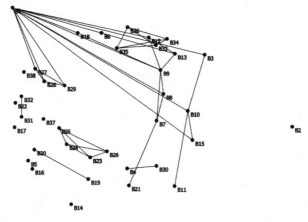

图 3.10　2010 年以来我国海洋能产业大学－大学项目申请子网图谱

图 3.6 和图 3.9 给出了大学与科研机构、大学与企业的合作创新网络图谱，图 3.10 给出了大学与大学之间的合作创新图谱。不难看出，大学与大学之间的合作创新关系并不乐观。中国海洋大学仍然占据网络的主体地位，但与浙江海洋学院 B2、中山大学 B5、集美大学 B14、河海大学 B17、东南大学 B31、南京海事职业技术学院 B32 等学校的合作数量几乎为零。以上几所大学均分布于我国华东和华南地区，而哈尔滨工程大学 B3、天津大学 B9、东北师范大学 B10、天津理工大学 B8、北京化工大学 B28 等学校均处于我国的华北和东北地区，说明目前我国大学和大学之间的合作创新存在区域上的差异，科技资源分布不均衡。中国海洋大学凭借自身的学科特色和科研师资力量，在整个大学－大学合作子网中占据中心地位。西北与西南地区的大学并没有出现在近 3 年的科研项目研发活动中，这也是科技资源分布的一个重要缺陷。我国政府应加大偏远地区的科技研发资金投入，以已经成熟的地区带动落后地区，实现科技创新共赢的局面，促进我国经济的快速发展。

从图 3.5 至图 3.10 不难看出，产学研创新系统内各个体在不合作的情况下，均存在着大量的资源浪费，大学与大学之间、科研机构与科研机构之间项目申请情况并不那么频繁，特别是企业与企业之间，合作强度远远不及大学和科研机构，说明目前我国海洋能产业产学研合作创新优势远远超过其内部各自的研发水平。因此，加强产学研合作创新强度，建立共同发展、共同繁荣的合作局面才能提升我国海洋能产业技术创新能力。

3.3.3　产学研合作创新网络运行评价结果分析

3.3.3.1　因变量

创新产出。如前所述，针对海洋能产业的特殊性，项目申请情况被用来衡量一个机构的创新产出。项目申请数量越多，被认为机构的创新产出越多。本书选取我国海洋能产业 2010 年以后产学研联合申请项目数量作为所构建模型的因变量，即创新产出。

3.3.3.2　自变量

(1)中心度

点 A 的中心度就是与点 A 直接相连的其他点的个数。如果某点居于中心，说明与其他点相比，该点具有最高的度数，拥有最大的权利。中心度测量一般采用局部中心度，只测量与该点直接相连接的点数，忽略间接点数。为避免局部中心度的局限性，本研究采用相对中心度，等于点的绝对中心度与图中点的最大可能度数之比，相对中心度测量方法能够有效克服因图规模不同而造成的局部中心度不可比较缺陷。

（2）结构洞

Burt 用结构洞来表示非冗余的联系 i，认为非冗余的联系人被结构洞所连接，一个结构洞是两个行动者之间的非冗余的联系。该指标受有效规模、效率、限制度和等级度四个方面影响，其中，限制度最重要。因此，本书选取结构洞限制度作为自变量。按照 Burt 的研究结果，网络中结点是否受限制取决于两点：①曾经投入了大量网络时间和精力的另外一个接触者 q；② q 在多大程度上向接触者 j 的关系投入大量精力。由此行动者 i 受到 j 的限制度指标为：

$$C_{ij} = \left(P_{ij} + \sum_q P_{iq} m_{qj}\right)^2 \tag{3.1}$$

其中 P_{iq} 处在行动者 i 的全部关系中，投入 q 的关系占总关系的比例 m_{qj} 是 j 到 q 的关系的边际强度，等于 j 到 q 的关系取值除以 j 到其他点关系中的最大值。

（3）中间中心度

在一个网络结构 n 点图中，某点中间中心度测量指该点在多大程度上控制其他结点之间的交往。如果某点中间中心度为 0，说明该点处于网络结构的边缘位置，不能控制任何行动者；如果某点中间中心度为 1，说明该点可以完全控制其他任何一个行动者，是整个网络的核心，拥有最大的权利。假设结点 j 和 k 之间存在的捷径数目用 S_{jk} 来表示，第三个点能够控制此两点交往的能力用 a_{jk} 来表示，即 i 处于点 j 和 k 之间的捷径上的概率。点 j 和 k 之间存在的经过点 i 的捷径数目用 $S_{jk}(i)$ 来表示。那么，$a_{jk}(i) = \dfrac{S_{jk}(i)}{S_{jk}}$。把点 i 相应于图中所有的点对应的中间中心度加在一起，就得到该点的绝对中间中心度，记为 C_{ABi}，$C_{ABi} = \sum_j^n \sum_k^n a_{jk}(i)$，$j \neq k \neq i$，并且 $j < k$。本书所采用的中间中心度为标准化的中间中心度，即为相对中间中心度，点 i 的相对中间中心度 C_{RBi} 为：

$$C_{RBi} = \frac{2C_{ABi}}{(n^2 - 3n + 2)} \tag{3.2}$$

3.3.3.3 模型运算

结合以上运算过程，利用 UCINET 6.0 软件 NetDraw 功能，将数据带入模型进行运算，得出图 3.11。由于样本数据容量较大。因此，从图 3.11 图谱中选取代表性成员，得出表 3.2。

表 3.2 代表性成员的网络中心性、中间中心性和结构洞表现

	中心度	中间中心度	结构洞限制度
国家海洋局海洋科学技术司 A1	113	0	0.079
中国海洋大学 B1	43	0.013	0.276
国家海洋技术中心 A5	25	0.931	0.385
中国科学院海洋经济研究所 A13	15	0.459	0.404
天津大学 B9	14	0.675	0.500
哈尔滨工程大学 B3	12	0	0.454
国家海洋标准计量中心 A11	11	0.380	0.546
中国水电工程顾问集团华东勘测设计研究院 A14	10	0.547	0.633
中国船舶重工集团公司第 704 研究所 A27	9	0.105	0.549
中国科学院广州能源研究所 A20	8	0.229	0.743
中国电力科学研究院 A34	7	0.157	0.639

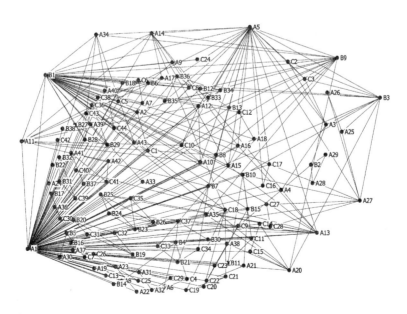

图 3.11 我国海洋能产业技术创新体系产学研合作创新网络代表性成员图谱

根据图 3.11 和表 3.2 可知，国家海洋局海洋科学技术司 A1 在整个产学研创新网络中所处的结构洞限制最小，研究表明，结构洞限制越小，对网络成员的正向促进作用越大。这与国家海洋局海洋科学技术司自身的属性存在紧密的关系。国家海洋局海洋科学技术司 A1 隶属于国家政府管理机构，海洋能专项资金成立以来，国家海洋局海洋科学技术司对我国海洋能产业的发展起着统筹的作用，国内其他科研机构、大学和企业都倾向于与它进行合作，组建创新联盟，国家海洋局海洋科学技术司则利用这些成员单位的优势资源，共同申请项目，共同合作创新，力图为我国海洋能产业的发展提供最好的研发成果。其中，国家海洋技术中心 A5 和国家海洋标准计量中心 A11 是国家海洋局下属事业单位，秉承国家海洋局的发展方针，承接大型科研项目，在我国海洋能产业发展方面起着不可估量的作用。中国科学院海洋经济研究所 A13、中国水电工程顾问集团华东勘测设计研究院 A14、中国船舶重工集团公司第 704 研究所 A27、中国电力科学研究院 A34 和中国科学院广州能源研究所 A20 是中国重点培育的能源科研院所，中国海洋大学 B1、天津大学 B9 和哈尔滨工程大学 B3 是国内著名的 211 院校，都拥有坚实的基础设施和良好的研发环境、知识人才储备和公共认可度等科研条件，均承担着大量的国家级重点科研项目。如表 3.2 所示，以上科研机构和大学在中心度、中间中心度以及结构洞限制度方面表现优异，处于结构洞桥接地位，从数据表可知，国家海洋局海洋科学技术司中心度最高，结构洞限制最小，对整个产学研创新网络成员的正向促进作用最明显，但中间中心度为零，这与以往研究成果不相符合，但与我国学者陈伟 2012 年对黑龙江省区域装备制造业产学研合作创新网络的研究结果基本相同。结果显示：我国海洋能产业产学研合作创新网络中介节点并没有有效地利用中间中心性地位所给它们带来的信息优势和控制优势，中介作用对它们自身创新能力的提高没有起到正向促进作用，这与我国海洋能产业目前的发展状况相符。我国海洋能产业发展起步较晚，与制造业、纺织业等产业相比，发展体系并不成熟，发展规模和商业成果转化程度有待提高，目前的发展动力主要依赖于表 3.2 中的科研机构和大学，从分析结果发现，企业对整个产学研合作创新网络的作用并不明显，说明我国海洋能产业存在较大的发展空间，政府在大力支持研发的同时，也要调动企业参与研发的积极性，提供其更多的研发机会，能够更好地将技术创新成果实现即时转化，减少研发成本。

　　综上可知，我国海洋能产业呈现出较好的发展态势，各机构在努力创造条件、争取能够独立完成项目的同时，产学研合作创新是任何一个发展阶段都不可摒弃的重要发展工具。从产学研合作创新图谱可知，从事海洋能技术研究的科研机构并不仅仅局限于表 3.2 中的几个，只是表 3.2 中的 11 个单位目前对我国海洋能产业技术创新活动的贡献程度最大，在网络中占据着主导地位，其余参与研究的 115 家单位一方面应加强自身研发条件和创新能力，另一方面应增加产学研合作频次，实现资源共享，通过知识流动和转移达到创新成果最大化。因此，产学研合作创新不仅可以降低各机构的科研成本，也可避免科技资源的浪费，进而在人力、物力和财力等方面均实现最优配置，为我国海洋能产业发展提供最佳的发展条件和发展空间。

第4章 我国海洋能产业技术
创新支撑子系统研究

4.1 我国海洋能产业技术创新体系硬环境分析

4.1.1 基础设施条件

基础设施是市场经济条件下一切企业、单位和居民生产、生活、工作、学习所需要的共同物质基础,主要包括交通运输、机场、港口、桥梁、通信、水利及城市供排水、供气、供电设施和提供无形产品或服务于科教文卫等部门所需的固定资产,是城市主体设施正常运行的保证,是物质生产的重要条件,同时也是劳动力再生产的重要条件。基础设施建设的良莠对我国从事海洋能技术创新活动的企业、高校和科研机构有着直接的影响,政府通过公共产品服务向社会提供这些基础设施,是各单位开展技术创新活动的基本条件。海洋能源是一种特殊的能源,它需要研究人员不定期、不定时取样,甚至针对某些课题需要研究人员长期生活在海面上,所以,对于交通运输和港口建设的要求较高,较好的建设能为研究带来便利。

对我国海洋能产业技术创新影响最大的基础设施应该是产业内的通信设施和交通设施。先进的通信设施是产业内部成员获取最新信息的基本条件,技术创新活动更新速度较快,产业内创新主体(特别是企业)应时刻关注国内外技术、市场和产品的变化,及时掌握信息,采取措施有效地开展技术创新活动。另外,产业内各单位之间的信息传递也十分重要,先进的基础设施能够保证信息的及时流动。因此,发达的信息网络是我国海洋能产业发展获取信息的必要支撑。此外,我国海洋能产业的特殊性,要求具备方便快捷的交通条件。特别是针对一些海上试验和电站建设等作业,便利的交通运输不仅可以减少研发成员路途上不必要的交通时间,节约运输成本,而且可以提高技术创新活动的运作速度,加速技术创新扩散。对于企业而言,依据近邻效应和轴向效应，交通条件是企业选址的重要依据，是海上作业和海上试验的重要支撑条件。

4.1.2　自然环境

自然条件指一个地域经历过上千万年的天然非人为因素改造所形成的基本情况，主要包括地形条件、气候条件、土壤条件、动物资源、植物资源、矿产资源、水利资源、土特产品等。通常，自然资源是不能被人类所改变的，但却影响着人类社会的一切经济活动。因此，在任何一项经济活动中，自然环境都是其发生的先决条件。我国海洋能产业主要指波浪能、潮汐能、潮流能、海上风能、盐差能、温差能等，目前，波浪能和潮汐能开发技术相对成熟，而盐差能和温差能技术开发尚处于摸索起步阶段。以上这些海洋能源的开发，都与海洋资源息息相关，在探索和开发海洋资源时，海面作业受气候影响较大，环境变化不定，对作业的顺利进行有一定影响。以温差能开发为例，蕴藏有温差能的条件是与海面相距 750～1 000 m 深处的海水四季都有 20℃以上的温差，一般符合此条件的海域是由 20°N 到 20°S 的热带，包括菲律宾、印度尼西亚、太平洋赤道两侧的岛屿、中国南海诸岛、非洲印度洋、大西洋两岸及附近岛屿、美国佛罗里达、中美洲及西印度群岛。我国温差能分布在台湾省的太平洋沿岸，有 20℃以上温差的海域距岸数千米，是理想的开发温差能的地方，但是由于地理位置靠近陡崖，所以在开发上存在较大的困难。广东、海南、广西沿岸大陆架很宽，虽有 20℃以上的温差，但距离太远，不宜开发。南海诸岛温差能蕴藏丰富，距岛屿海岸很近，开发条件较好，是我国目前开发温差能的最优选择。

4.2　我国海洋能产业技术创新体系软环境分析

4.2.1　经济环境

这里所讨论的经济环境，一般指影响我国海洋能产业发展所面临的宏观经济环境，包括政府财税政策、货币政策等。据不完全统计，我国海洋能发电产业稳步增长，海洋能发电"十五"期间平均增长速度为 16% 左右，"十一五"期间仍然保持良好发展势头。除温岭江厦潮汐试验电站总装机容量为 3 900 kW，规模位居世界前列外，其他海洋能源在当前宏观经济环境大好的形势下，也呈现出快速增长的趋势。在能源消费量持续攀升和传统能源日趋紧缺的外部环境影响下，新能源开发利用已经成为大势所趋。经过多年的技术积累，我国在海洋能开发及相关研究领域已经取得丰硕成果，开发成本不断降低，海洋能产业进入战略机遇期。我国海洋能资源蕴藏量丰富，清洁无污染，再生能力强，海洋能发电产业得到国家政策的鼓励和扶持，投资前景良好。近年来，国家制定的相关扶持政策有《中华人民共和国可再生能源法》、《可再生能源发展"十二五"规划》、《海洋功能区划管理规定》、《海洋可再生能源专项资金管理暂行办法》、《海洋可再生能源专项资金项目实施管理细则》、《"十二五"国家战略性新兴产业发展规划》等。

4.2.2 资源环境

风险投资和金融体系构成了我国海洋能产业的资源环境，为我国海洋产业的发展提供资金支持，包括政府金融政策和创新系统能够得以运行的一切资源储备，即人力、财务、物力等。其中，风险投资泛指职业金融家通过市场调研、市场分析之后，将资金投入到新兴的、发展迅速的、具有庞大竞争潜力的企业当中，是一种权益资本；金融体系泛指金融部门如各种商业性银行、融资模式与公司治理、监管体制等相互适应与协调，一方面为我国海洋能产业发展提供金融支持，另一方面对我国海洋能产业发展过程中所使用的资金进行风险监控、监督管理。我国海洋能产业与美国等发达国家相比，开发技术处于模仿和吸收阶段，自主创新能力有待进一步加强，这需要社会对该产业积极投资，扩大对该产业的需求，刺激该产业的迅速发展。根据规划，我国预计到 2020 年，在山东、海南和广东各建 1 座 1 000 千瓦级岸式波浪能电站，在浙江舟山建设 10 千瓦级、100 千瓦级和 1 000 千瓦级的潮流电站；在西沙群岛和南海各建 1 座温差能电站。因此，不仅是企业，科研机构和大学都对资金有着大量的需求，金融支持着重体现在对我国海洋能产业内部产学研合作创新的技术开发投融资支持上。大多数单位都会遇到技术创新资金匮乏的窘境，从目前资金使用情况来看，大学和科研机构的资金支持主要来源于国家和各省市政府，企业的资金支持主要靠经营者本身或者银行等金融机构或社会融资。

美国近 30 年在风险投资上具有重要的突破，其成功经验表明：风险投资在解决技术创新资金困难方面起着很大的作用。一方面，对于技术密集型或资本密集型的单位来讲，技术创新活动必然存在着巨大风险，风险投资就是分担或减少技术创新中的不确定性所带来的损失；另一方面，风险投资还可以利用其本身在市场中的资本优势，为投资单位的发展，为单位的后续融资提供支持，帮助其寻找合适的合作活动，这些派生出的服务无疑对我国海洋能产业的发展有着极为重要的意义。

资金是保证我国海洋能产业产学研技术创新活动顺利开展的直接因素，无论是合作创新的启动、运行还是开展，都需要资金支持，在整个技术创新过程中，成果转化以及后期产品应用都需要资金作为载体，整个技术创新活动都离不开资金，离不开金融的作用。因此，金融环境对经济增长具有促进作用，而且具有长期的效果。根据前面的分析，投融资和金融信用影响着我国海洋能产业发展，产业发展需要技术创新的推动，也需要金融等资源环境的支持，在它们的相互作用和相互影响下，形成产业经济的良性循环，从而实现产业的持续、快速、健康发展。

4.2.3　服务环境

中介机构和商业服务共同构成了我国海洋能产业的服务环境，该环境的功能主要是实现我国海洋能产业技术创新成果的商业化价值，具体机构可以划分为企业孵化器、科技成果转化中心、高新区、信息技术咨询机构等。任何一项科研发明和专利，在实验室成功之后，都需要一个平台将其公之于众，实现其应有的商业化价值，这个平台就需要中介机构和商业服务机构的参与。中介机构和商业服务的共同点是在完成技术创新成果的推广和商业化价值之后，要收取一定费用，两者通常是相辅相成，缺一不可的。据报道，中国科学院广州能源研究所 2009 年启动的"漂浮直驱式波浪能利用技术研究"这一"863 计划"项目于 2011 年年底通过了科技部验收，标志着这一项新型波浪能发电技术取得阶段性成果。这一报道就是对该项技术创新成果的中介和商业报道，适时推广该项成果的商业化价值，使该项成果最终能够在政府、某组织或企业中进行大规模生产，为社会创造更多的福利。

根据我国科技部技术市场管理中心的规定，中介机构可以分为三类：①参与产品或专利技术创新全过程的机构，如生产力促进中心；②提供咨询和服务的机构，为创新主体提供技术、管理等方面的服务，如科技评估中心、情报信息中心、科技招标投标机构；③合理有效分配资源的机构，如人才中介市场、技术交易机构等。

中介机构和商业服务组织在一手托两家的情形下，对需求和供给双方的影响都是显著的。从需求方的角度来看，市场条件下，不是每个潜在企业都能及时认识到技术创新的重要作用，认识到中介机构组织的信息供给作用，认识到技术创新成果未来能够带来的巨大收益，能够提高创新成果的传播速度。从供给方的角度来看，我国海洋能产业产学研创新主体主要致力于合作创新和研究开发，对于创新产出的推广和扩散则相对力不从心，亟须专业的科技中介提供服务，将成果广而告之。与国内相比，国外发达国家对中介的认识程度要超于国内，譬如，加拿大的契约研究组织（CRO），每年的中介收入高达 20 亿美元。总之，技术创新主体创新成果越多，知识型科技中介服务业发展越快。同样，知识型中介服务业发展越快，技术创新主体创新行为也愈加频繁。

4.2.4　法律政治环境

法律政治环境指一个国家或地区的政治制度、体制、方针政策、法律法规等，这些因素常常制约或影响企业的经营行为，对企业的长期投资和发展规划有一定的影响。宪法中有关海洋能源开发的规定构成我国海洋能源开发法律体系的基础。海洋能源开发的相关法律主要指由全国人民代表大会及其常务委员会制定的有关合理利用、勘探、保护和开发海洋能源方面的法律。目前，还没有直接以"海洋能源开发"为名义的法律，但我国制定的许多自然资源方面的法律都涉及海洋能源开发问题。例如：《物权法》对海洋能源资源权属关系作出了原则性规定；《矿产资源法》规定了对海洋石油、天然气资源的保护问题等。由此引发出一系列行政法规和部委规章，包括《海域使用权管理规定》、《海域使用权登记办法》、《航道管理条例》、《海洋石油勘探开发环境保护管理条例》、《对外合作开采海洋石油资源条例》、《涉外海洋科学研究管理规定》等，这些规章政策针对不同领域的海洋能源开发、利用和保护活动制定了相关的规定。中华人民共和国于 1996 年 5 月 15 日批准《联合国海洋法公约》，根据《联合国海洋法公约》第七十六条，中国的大陆架存在超出二百海里的情况。2010 年 5 月 11 日中国政府正式向联合国秘书长提交了全名为《中华人民共和国关于确定二百海里以外大陆架外部界限的初步信息》，此提交证明中国政府在维护海洋权益上又迈出了重要一步。2012 年 11 月 24 日出炉的中国新版护照与以往护照的重要区别在于包含了一张印制的地图，该地图划出了中国在南海的主权范围，是中国为强调南海主权迄今为止最明显的行为。"在接纳中国公民入境时，这些国家需要在中国公民的护照上盖章，等于默许了中国政府的领土主张。"此外，海洋能源属于新能源范畴，我国在能源保护方面也有相应的法律政策，其中一些内容涉及新能源、知识产权、科技服务等方面的规章政策，如《中华人民共和国能源法》、《中华人民共和国节约能源法》、《中华人民共和国循环经济促进法》、《关于加快培育和发展战略性新兴产业的决定》等。

以上法律法规在实施过程中，要强化执法力度，对违反法律法规的行为坚决依法予以惩罚。特别是针对科技资源的法律法规，要杜绝判决难、执行难的问题，切实保障我国海洋能资源科技创新活动的顺利开展，保障科技创新成果转化过程中各方的合法利益，为我国海洋能产业发展保驾护航，确保我国海洋能产业沿着法制化的轨道顺畅发展。

4.3　创新支撑环境要素的作用分析

我国海洋能产业技术创新体系作为海洋能产业发展的重要组成部分，需要及时地与外界环境进行能量交换，吸纳新的创新要素。创新支撑环境直接影响着我国海洋能产业创新主体创新意愿能否顺利实现、创新能力能否提升。由于自然环境的天然属性，因此本书研究过程中自然环境对创新体系的影响不予考虑。根据创新支撑子系统硬环境和软环境的分类，我国海洋能产业技术创新体系各要素的作用分析如下。

(1)基础设施环境的作用

基础设施环境的作用是任何环境要素都不可替代的，是产业技术创新体系得以建立的根本前提。为我国海洋能产业开展技术创新活动提供必备的实验场所、交通运输条件、能源材料供给、公共产品服务等，是我国海洋能产业技术创新体系运行的物质养分。

(2)经济环境的作用

这里的经济环境不仅指产业发展所需的各种政府宏观经济政策，还有技术市场的发展现状及公众对技术创新的认知。熊彼特先生曾经明确指出，技术创新与发明的本质区别在于是否能够实现商业化，而商业化的实施过程离不开产业发展的宏观经济环境，除政府财政政策和货币政策外，市场经济体制对技术创新的实现同样起着重要的作用。合理的市场结构、良性的市场竞争、健康有序的市场秩序所构成的完备的市场体系是我国海洋能产业技术创新体系得以运行的根本保证。社会对技术创新公认度的良莠不齐与市场需求息息相关，社会价值观支撑产业技术创新行为，随着时间的积淀逐渐形成相对稳定的社会认知网络，不断改善而不可替代。

(3)资源环境的作用

我国海洋能产业技术创新体系的创新资源主要包括人力、物力和财力。人力指的是参与技术创新活动的科技人员和技术人才；财力指的是创新单位通过融资、募集等方式得到的、可供支配的资金；物力指的是技术创新活动所需的各种基础设施和生产资料。本书研究的资源环境主要是指我国海洋能产业技术创新活动所需要的资金支持，指我国海洋能产业技术创新体系进行技术创新活动所需要的一切人才、资金、物资，这些资源的储备情况和获取渠道直接决定我国海洋能产业内各创新主体能否顺利展开技术创新活动，并决定着创新效率的高低，是我国海洋能产业技术创新体系运行的基本前提和首要条件。

(4)服务环境的作用

服务环境的主要作用是如何将大学、研究机构和技术型企业各创新主体所获得的技术创新成果实现其商业化价值。科技中介机构为技术创新成果供给者和需求者搭建了沟通和交流的桥梁，其作用主要包括实现技术创新成果的转移和扩散、完成技术创新成果转化、辅助科技创新机构评估、优化创新资源配置、提供创新决策与管理咨询等。

(5)法律政治环境的作用

我国海洋能产业内创新主体进行技术创新活动时必须依托具有现存或潜在作用和影响的政治因素和法律法规，我国海洋能产业技术创新体系必须制定一套综合的法律政策体系，在技术创新过程中起到激励、引导、保护、协调等方面的作用，实现政府有效干预创新主体技术创新活动的有效手段。法律法规的制定不仅仅是为了实现某种合理的管制条例、规定和办法等，也是为了有效落实某些具体行为标准，在我国海洋能产业技术创新体系运行过程中起到有序、可持续、协调和保障的作用。

4.4　我国海洋能产业技术创新体系支撑子系统运行评价

为了探索基础设施条件、经济环境、资源环境、服务环境和法律政治环境对我国海洋能产业技术创新体系创新活动的影响，本研究采用结构方程模型 SEM 方法，研究以上影响因素和产业技术创新体系之间的相互关系，验证以上因素对我国海洋能产业技术创新体系的影响程度及系统运行效果。

4.4.1　结构方程模型基本原理及步骤

结构方程模型(Structure Equation Modeling，SEM)是应用线性方程系统的一种新统计方法，Mulaik 和 James 认为 SEM 是一种客观状态的数学模式，是一种呈现客观状态的语言。通过探讨变量之间的因果关系来揭示客观事物发展、变化的规律及特点，通过测量难以量化的潜变量将其设定为观测变量，统计分析观测变量之间的关系来研究潜变量之间的关系，从而解决一定的实际问题。

结构方程模型是一个结构方程式的体系，包括随机变量、结构参数以及非随机变量。随机变量又包括观察变量、潜在变量以及误差变量。观察变量是可以直接被测量的变量，潜在变量是可以用观察变量加以建构的。结构方程中变量与变量以结构参数来呈现之间的联动关系。结构参数是不变量的常数，反映了变量间因果关系。结构参数用来描述观察变量互相之间的关系。非随机变量则是探索变量，它们的值在重复随机抽样下依然不变。

一个完整的结构方程模型包含一个测量模式以及一个完全的结构模式，依据理论建立潜在因素与潜在因素间的回归关系以及构建潜在因素与适当的观察变量间的关系。完整的结构方程模型通常包括以下 3 个矩阵方程式：

$$X = \Lambda_x \varepsilon + d \qquad (4.1)$$

$$Y = \Lambda_y \eta + e \qquad (4.2)$$

$$\eta = B\eta + G\varepsilon + \zeta \qquad\qquad (4.3)$$

结构方程模型的分析过程主要分为以下 4 个主要步骤：①模型设定。在模型评估之前，先根据理论分析或以往研究成果设定初始理论模型，即初步拟定上述 3 个方程式，同时给予方程式中相应的系数。②模型识别。在一些情况下，由于模型设定问题可能造成模型不识别，因而需要验证所设定的模型是否能够对待估计参数求解。③模型估计。一般采用最大似然法（maximum likelihood）和广义最小二乘法（generalized least square）。④模型估计之后，需要对模型的整体拟合效果和单一参数估计值进行评价和验证，如果模型拟合效果不佳，可以通过修正指数对模型进行修正，提高拟合效果。

4.4.2　研究假设的提出

以上述结构方程模型理论为研究基础，根据我国海洋能产业技术创新体系所面临的硬环境和软环境综合分析得知，自然环境是人类生产生活所依托的背景环境，与人的意愿不构成直接关系，不为人的意愿所改变。因此，本研究假设自然环境这一参数是固定不变的，不参与支撑子系统对我国海洋能产业技术创新体系影响研究的实证分析过程。

任何一项技术创新活动都要在一定的场所发生、开展、实施和反馈。研究所需的基础设施一般由政府提供，可以归结为公共产品服务，大学和研究机构所引进的研发设备，由于其单位性质的特殊性，很大程度上均由政府拨款或政府采购，而企业为生产运营所购置的大型设备或设立的实验场地，也因能够为我国海洋能产业带来实质性发展而获得政府扶持，政府为大学、科研机构和企业提供的公共产品服务，为其开展技术创新活动提供便利，因而基础设施的良莠不齐对技术创新活动能否顺利开展有着直接的关系；经济环境对海洋能产业发展的直观影响体现在能否为其提供一个稳定的、充满机遇的市场经济环境；资源环境的影响表现为是否能够及时提供资金等金融支持，保障创新活动的顺利完成；服务环境需要为技术创新成果转化提供后期服务保障；法律政治环境是市场经济条件下产业健康有效快速发展的重要保障。因此，本书将研究以上几个方面对我国海洋能产业技术创新活动的影响程度。据此，本书提出以下相关假设：

H1：基础设施条件对我国海洋能产业技术创新能力有显著的正向影响。

H2：经济环境对我国海洋能产业技术创新能力有显著的正向影响。

H3：资源环境对我国海洋能产业技术创新能力有显著的正向影响。

H4：服务环境对我国海洋能产业技术创新能力有显著的正向影响。

H5：法律政治环境对我国海洋能产业技术创新能力有显著的正向影响。

由以上 5 个假设构建本研究的概念模型，如图 4.1 和表 4.1 所示。

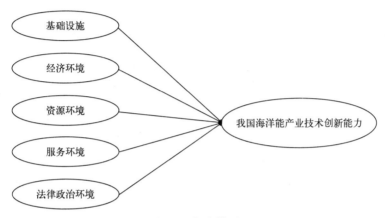

图 4.1　概念模型

表 4.1　我国海洋能产业技术创新体系支撑子系统实证分析的研究假设

假设维度	假设内容
基础设施	基础设施建设对我国海洋能产业技术创新能力有正向影响
经济环境	经济环境对我国海洋能产业技术创新能力有正向影响
资源环境	资源环境对我国海洋能产业技术创新能力有正向影响
服务环境	服务环境对我国海洋能产业技术创新能力有正向影响
法律政治环境	法律政治环境对我国海洋能产业技术创新能力有正向影响

4.4.3　调查问卷设计

4.4.3.1　调查问卷设计前的专家访谈

海洋能产业是我国战略性新兴产业，是近年来国内外学者研究和关注的重点领域，现阶段我国海洋能研究尚处于起步阶段。因此，对该领域的专家进行访谈，是调查问卷设计之前的重要环节，通过专家头脑风暴法不仅可以集思广益，而且能够提高调查问卷内容的信度和效度，专家访谈属于非正式调查环节。

为增强本研究的可信性和社会价值，研究者与国家海洋标准计量中心、国家海洋技术中心、海洋可再生能源开发利用管理中心、哈尔滨工程大学、中国海洋大学等科研人员进行了交流，通过与他们的沟通，了解他们对海洋能产业目前发展状况的认识，掌握海洋能产业最新的发展动态，从我国海洋能产业所面临的基础设施条件、经济环境、服务环境、资源环境和法律政治环境入手，分析它们对我国海洋能产业技术创新活动的影响，将笔者初步设定的调查问卷与之交流探讨，结合文献资料和相关理论基础，锁定影响我国海洋能产业技术创新活动的要素。

4.4.3.2 调查问卷设计的指导思想

本书选取国内从事海洋能研究的大学、研究机构和企业作为研究样本。本书的数据收集采用调查问卷的方式，调查问卷的主要分发途径有以下几条：①政府可再生能源及战略性新兴产业部门及相关部门主管；②中国海洋大学等从事海洋能研究的知名大学科研人员；③国家海洋技术中心等从事海洋能研究的科研机构领导及科研人员；④哈电集团等从事海洋能技术生产型企业的负责人及科研人员。由于调查的内容主要针对各单位的海洋能技术创新活动，所以调查对象主要针对中高层管理者及科研团队人员。同时，为保证调查问卷的顺利进行和调查质量的有效性，本书选择青岛、浙江、广东、大连等海洋能产业比较集中的地区为调研区域。

本书的调查问卷采用李克特（LiKert）的七级量表法，七级量表是将五级量表更细化，从1—7依次代表"完全不同意"到"完全同意"，数值大小直接衡量人们对事件的认可程度或满意程度，要求受访者根据本人对所从事行业的熟悉程度，将其所在部门海洋能技术创新情况与问卷中的问题陈述进行对比，以表明每个题目与实际状况的符合程度或表明他们同意或者不同意某种陈述的态度。本书在问卷设计中采用多题项结合验证研究假设，以提高度量的信度和效度。

4.4.3.3 测量量表

本书调查问卷各变量的测量项目主要借鉴目前国内外已有的相关成果，

同时根据现阶段我国海洋能产业的发展现状，在专家访谈的基础之上进行修改。调查问卷的来源分为：①查阅整理国内外相关研究，使用已被证实拥有高可靠性的测量项目；②在已有文献研究基础上，结合我国海洋能产业发展现状，适当调整测量项目；③结合专家访谈，与海洋能行业及相关领域专家学者交流，增加或减少测量项目。综合以上 3 种方法，给出本书最后的测量量表(见表 4.2)。

表 4.2　变量测量量表

变量		代码	测量题项
硬环境	基础设施条件 A1	V1	市场信息获取程度较高
		V2	国际贸易服务环境较完善
		V3	交通运输条件较便捷
		V4	基础设施投资份额呈增长趋势
		V5	从事海洋能产业的人员生活环境较好
		V6	政府提供良好的公共产品供给
软环境	经济环境 B1	V7	与相关产业竞争强度较弱
		V8	产业内部人力资源丰富
		V9	产业内部组织布局合理
		V10	产业资本成本较大
		V11	政府出台有利于产业发展的财政政策
		V12	政府出台有利于产业发展的货币政策
	资源环境 C1	V13	获得银行贷款较便利
		V14	民间集资获取性较高
		V15	产业内部具有完善的金融风险防控体系
	服务环境 D1	V16	第三方科技成果转化服务企业具备一定规模
		V17	成果转化服务设施较健全
		V18	成果转化服务体系涉及范围较广
		V19	成果转化率较高
		V20	产学研合作效率较高
		V21	具有成熟的技术交易市场
	法律政治环境 E1	V22	具有健全标准化的法律保护体系
		V23	政府颁布了促进海洋能产业发展的规章政策
		V24	国家出台了支持海洋能产业发展的法规条例

变量	代码	测量题项
海洋能产业技术创新能力 F1	V25	产业内各主体经常进行技术概念创新
	V26	产业内各主体合作交流频率较高
	V27	产业内各主体经常进行传递创新（流程创新）
	V28	产业内各主体自主创新新产品、新专利
	V29	产业内科技创新成果商业市场规模具有较广阔的前景
	V30	R&D 经费投入逐年增长

注：表内基础设施条件测量条目参考 Joshua S. Gans，Philip J. Vergrag 等和刘红娟等学者文献。

4.4.4 调查问卷的收集与整理

4.4.4.1 调查问卷的收集

本次调研共发出问卷 1 000 份，发放对象主要有中国海洋大学、哈尔滨工程大学、厦门大学、集美大学、大连海事大学、青岛理工大学、东北师范大学、浙江大学等近 20 所国家海洋能领域重点研究大学，国家海洋信息中心、国家海洋技术中心、海洋可再生能源开发利用管理中心、国家海洋局海洋科学技术司、中国水利水电科学院、中国科学院电工研究所、海洋发展战略研究所、国家海洋标准计量中心等近 15 所海洋能研究机构，中国华能集团公司、中国大唐集团公司、中国电力投资集团、中国国电集团公司、国电龙源电力、哈电集团、中国节能环保集团、中国船舶工业集团、中国船舶重工集团等近 15 所海洋能技术型企业，本次调查涉及范围较广，三部分调查主体所占份额分别为 40%、30%、30%。最终确认有效问卷 600 份，回收 588 份，剔除存在有严重规律问题、不是行业中高层管理者填写、数据丢失等问题的问卷，其中有效问卷 558 份，问卷有效率为 93.0%，由于调查对象的时间限制，问卷的回收效率还是非常令人满意的，较好地反映了海洋能产业各方面对影响技术创新活动因素的熟知程度。

4.4.4.2 数据的信度与效度分析

(1) 数据要求

在进行结构方程模型运算验证之前，应检查样本数据是否符合结构方程模型要求。本书采用极大似然法（ML），最终收回有效问卷 558 份，符合结构方程模型运行要求，故可以采用 AMOS 17.0 软件进行数据分析。

（2）数据的信度检验

信度（reliability）主要是测量数据之间的一致性程度或稳定性程度。一致性主要是测量和检验题项之间的关系，考察各个题项是否测量了相同的内容或特质；稳定性主要是考察同一问卷不同时间对受访者重复测量结果的可靠系数。因此，如果调查问卷设计合理，问卷测量结果间应高度相关。本研究并没有要求受访者和受测者多次进行重复测量，因此主要采用一致性来测度数据的信度。统计研究表明，比较常见的一种信度检验方法是测量克隆巴赫的 ∂ 系数，即 Cronbach's α 值，按照南纳利得标准，$\alpha > 0.9$ 为信度非常好，$0.9 > \alpha > 0.7$ 为高信度，$0.7 > \alpha > 0.35$ 为中等信度，$\alpha < 0.35$ 为低信度。本书首先使用 SPSS 16.0 软件对 558 个样本的 30 个题项进行信度分析，结果见表 4.3，服务环境和技术创新能力的 α 系数均大于 0.9，具有非常好的信度，基础设施条件、经济环境、资源环境和法律政治环境的 α 系数均大于 0.8，具有高信度。因此，总体来说本组研究数据具有很高的可靠性。

表 4.3　各变量信度和效度

变量	对应题项	因子荷载值	Cronbach's α 系数
基础设施条件 A1	V1	0.762	0.883
	V2	0.816	
	V3	0.810	
	V4	0.814	
	V5	0.769	
	V6	0.793	
经济环境 B1	V7	0.709	0.870
	V8	0.781	
	V9	0.802	
	V10	0.772	
	V11	0.825	
	V12	0.779	
资源环境 C1	V13	0.860	0.822
	V14	0.848	
	V15	0.870	

变量	对应题项	因子荷载值	Cronbach's α 系数
服务环境 D1	V16	0.827	0.932
	V17	0.874	
	V18	0.885	
	V19	0.896	
	V20	0.866	
	V21	0.837	
法律政治环境 E1	V22	0.830	0.855
	V23	0.918	
	V24	0.902	
技术创新能力 F1	V25	0.848	0.918
	V26	0.870	
	V27	0.865	
	V28	0.865	
	V29	0.824	
	V30	0.778	

(3)数据的效度分析

效度(validity)主要是指通过测量工具正确地测度出所要测量变量的特质,包括内容效度和结构效度两个主要类型。其中,内容效度考察测量目标与测量题项之间的适合性和符合性,表现为:①从不同的角度考察同一测量指标,设置的题项严格要求避免冗余性和重复性,保证测量的准确度;②考察对象均为我国海洋能产业相关专家和技术人员,保证对问卷的准确理论和把握;③在大量文献和统计资料的基础上,借鉴高可靠性的题项。因此,问卷在内容效度上具有一定的内容角度。结构效度需要采用因子分析来验证,主要验证各题项的结构信度,如表4.3所示。数据分析结果显示,KMO样本测度值均大于0.70,同时巴特球体 Bartlett 检验都小于0.000 1,30个题项的因子载荷值均大于0.70,按照因子分析载荷值的评价标准,非常好和优秀的临界点是0.63,超过0.63的基本准则即为非常好的因子载荷,超过0.7的基本准则即为优秀的因子载荷,好和尚可的临界值点为0.45,超过0.45的基本准则即为尚可的因子载荷,超过0.55的基本准则即为好的因子载荷,但若因子载荷在数值0.32左右浮动,且小于数值0.45,即为较差的因子载荷,应将此指标加以剔除或做适当的修改。从分析结果来看,基础设施条件、经济环境、资

源环境、服务环境、法律政治环境和产业技术创新能力量表在理论逻辑上都
具有较强的合理性，对应量表具有高信度和效度。

4.4.5　结构方程模型构建

4.4.5.1　建立路径图

由以上分析得知本模型数据的信度和效度都已经符合标准，根据 SEM 模
型的路径图的标示方法，现将以理论为基础所构建的概念模型图 4.1 转化为
SEM 路径图。模型路径图及其参数如图 4.2 所示。本模型包含：外生潜变量
海洋能产业技术创新能力 F1，它对应 6 个外源观测变量：产业内各主体经常
进行技术概念创新 V25，产业内各主体合作交流频率较高 V26，产业内各主
体经常进行传递创新（流程创新）V27，产业内各主体自主创新新产品、新专
利 V28，产业内科技创新成果商业市场规模具有较广阔的前景 V29，R&D 经
费投入逐年增长 V30；内生变量：基础设施条件 A1，经济环境 B1，资源环境
C1，服务环境 D1 和法律政治环境 E1。基础设施条件包括 6 个内生观测变量：
市场信息获取程度较高 V1，国际贸易服务环境较完善 V2，交通运输条件较
便捷 V3，基础设施投资份额呈增长趋势 V4，从事海洋能产业的人员生活环
境较好 V5，政府提供良好的公共产品供给 V6；经济环境包括 6 个内生观测变
量：与相关产业竞争强度较弱 V7，产业内部人力资源丰富 V8，产业内部组
织布局合理 V9，产业资本成本较大 V10，政府出台有利于产业发展的财政政
策 V11，政府出台有利于产业发展的货币政策 V12；资源环境包括 3 个内生观
测变量：获得银行贷款较便利 V13，民间集资获取性较高 V14，产业内部具
有完善的金融风险防控体系 V15；服务环境包括 6 个内生观测变量：第三方
科技成果转化服务企业具备一定规模 V16，成果转化服务设施较健全 V17，
成果转化服务体系涉及范围较广 V18，成果转化率较高 V19，产学研合作效
率较高 V20，具有成熟的技术交易市场 V21；法律政治环境包括 3 个内生观测
变量：具有健全标准化的法律保护体系 V22，政府颁布了促进海洋能产业发
展的规章政策 V23，国家出台了支持海洋能产业发展的法规条例 V24。

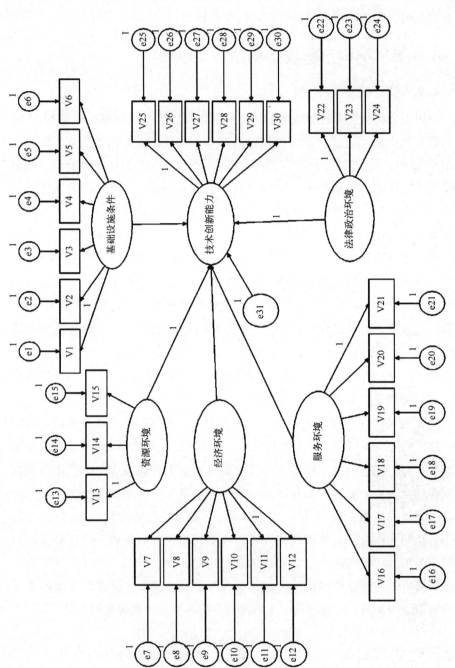

图 4.2 我国海洋能产业技术创新支撑子系统假设关系结构路径图

4.4.5.2　模型评价

模型设定完毕之后，运用 AMOS 17.0 软件，选取最大似然估计参数估计方法，模型路径分析结果见表 4.4。

表 4.4　路径系数与假设检验

对应假设	变量间的关系	p	路径系数	检验结果
H1	基础设施条件→海洋能产业技术创新能力	0.017	0.160	部分支持
H2	经济环境→海洋能产业技术创新能力	***	0.704	支持
H3	资源环境→海洋能产业技术创新能力	***	0.360	支持
H4	服务环境→海洋能产业技术创新能力	***	0.540	支持
H5	法律政治环境→海洋能产业技术创新能力	***	0.366	支持

注：＊＊＊表示在 $p < 0.001$ 的水平上具有统计显著性。

实证结果显示：模型具有较好的拟合优度，指标如下：

$$\frac{\chi^2}{df} = 2.104, RMR = 0.047, RMSEA = 0.025, GFI = 0.944, AGFI = 0.911,$$

$NFI = 0.920, CFI = 0.904$。综合以上各项指标，SEM 整体模型拟合度很好，拟合指标都在可接受的区间范围内，用以检验本书提出的理论假设所得结果是可信的。

4.4.6　运行评价结果分析

理论模型的路径系数分析结果见表 4.4。

假设 H1 对应 p 值为 0.017，路径系数不显著，说明基础设施条件对海洋能产业技术创新能力有正向影响，但是不显著，假设没有获得全部支持。结果显示我国海洋能产业目前的基础设施投入情况并不十分完善，政府及各有关部门应加大资金投入强度，增加公共产品供给，监督基础设施及其配套设施建设情况。

假设 H2 路径系数为 0.704，在 $p < 0.001$ 水平上具有统计显著性，该结果与理论假设一致，支持经济环境对我国海洋能产业技术创新能力有显著的正向影响。假设 H3 路径系数为 0.360，在 $p < 0.001$ 水平上具有统计显著性，支持资源环境对我国海洋能产业技术创新能力有显著的正向影响。假设 H4 路径系数为 0.540，在 $p < 0.001$ 水平上具有统计显著性，证实服务环境对我国海洋能产业技术创新能力有显著的正向影响，与假设一致。假设 H5 路径系数

为 0.366，在 $p < 0.001$ 水平上具有统计显著性，该结果与假设一致，支持法律政治环境对我国海洋能产业技术创新能力有显著的正向影响。从以上分析结果可知，经济环境、资源环境、服务环境和法律政治环境对我国海洋能产业技术创新能力均有显著的正向影响，但影响程度不同，根据相应的路径系数得知，目前，经济环境对我国海洋能产业技术创新能力的贡献程度最大，其次是服务环境，法律政治环境次之，资源环境相对贡献程度较差。

上述实证分析结果与我国目前海洋能产业的实际发展情况相符。从"七五"以来我国就开始重视海洋能产业的发展，深刻认识到海洋能产业对国民经济的重要性，特别是从 2010 年海洋能专项资金的落实，更是开启了海洋能产业技术创新活动的新篇章。国家对海洋能产业专项的支持、颁布促进海洋能产业发展的政策建议，均充分体现了我国海洋能产业拥有广阔的经济环境，近 3 年来海洋能技术创新能力的快速提升，无疑是对经济环境重要性的最好表彰。2010 年我国加入 IEA OES—IA 之后，与世界海洋能发达国家进行多边交流和学习，在汲取爱尔兰、丹麦等发达国家的先进经验基础上，我国政府不仅在经济政策上给予大力的支持，在法律政治环境方面也为海洋能产业营造最大的发展空间，陆续制定了《可再生能源法》等法律法规，为我国海洋能产业发展提供了有力的保障。但其影响程度仍不及服务环境所带来的重要作用，海洋能技术创新成果主要表现为专利及专利成果的商业转化效率，我国虽然与发达国家相比在技术创新成果方面仍有较大的差距，但是就其自身发展速度已是重大的突破，在装机规模和商业化运作方面已有了一定的成果。资源环境虽对我国海洋能产业技术创新能力具有一定的正向影响，但与经济环境、服务环境和法律政治环境的贡献相比，仍有较大的提升空间，主要在于对海洋能产业技术创新活动的资金支持方面，产学研创新网络需要更多的社会资金支持，国家应号召全社会重视海洋能产业对国民经济的重要促进作用，要以发展的眼光看待海洋能产业的未来发展，制定相应的鼓励政策刺激有实力的企业自愿投资海洋能产业的技术创新活动，获得更多的社会支持，对于可能存在的机会成本，将其损失降低到最小化，造福社会经济发展。

第5章　我国海洋能产业技术
创新体系运行机制研究

5.1　我国海洋能产业技术创新体系的动力机制

5.1.1　海洋能产业技术创新体系的创新动力要素

相对于传统产业而言，海洋能产业被国家定义为战略性新兴产业，产业的技术创新开发活动具有投入高、风险高、收益高的特点。为提高我国海洋能产业在世界海洋能产业中的地位，国家大力提倡海洋能技术创新研究开发活动，增强产业创新能力。在整个海洋能产业生产经营活动的环节中，技术创新研发活动是第一步，也是最重要的一步，研发工作能否顺利进行并取得应有的效果直接关系着我国海洋能产业的整体经营目标。那么，影响我国海洋能产业技术创新体系的技术创新动力因素有哪些，这些动力因素之间又有怎样的关系以及这些因素是如何作用于产业系统内部、驱动系统持续创新的，研究这些问题，有助于放大动力因素，更好地促进我国海洋能产业内部各创新主体的技术创新活动，提升我国海洋能产业的整体技术创新水平，优化我国海洋能产业的技术创新环境，增强我国海洋能产业的综合实力和国际竞争力。

创新动力是企业或组织可持续发展的内在源泉，能够促使企业或组织内个体萌发创新意识、提出创新行为、开展创新活动，并为这一系列创新活动提供所需条件或因素。国内外最早研究技术创新动力的学者熊彼特提出技术创新的"技术推动模式"，随后施穆克勒提出了"市场拉动模式"，但均为单一因素影响技术创新活动。到了20世纪80年代，弗里曼等学者在以上技术创新模式的基础上提出了"双重推动模式"，将技术与市场形成统一体。随后又经历了"整合模式"、"技术创新的系统集成与网络模型"。学者们普遍认为，任何一项技术创新活动都不是单一要素能够完成的，它需要结合多种因素和各种力量才能集合推动。结合管理学中赫茨伯格的双因素激励理论，学者们普遍认为开展技术创新活动的动力因素包括：科学技术进步、创新主体的创新意识、政府政策、市场需求、创新主体对创新收益的追求、企业文化、激励机制、资源配置、创新成果商业转化率等。在已有研究成果和相关文献资料基础上，结合我国海洋能产业发展的实际情况，提取我国海洋能产业技术创新体系的创新动力要素如下。

5.1.1.1 创新主体的创新意识

假设 H1：创新主体的创新意识促进我国海洋能产业系统内技术创新活动的开展。

技术创新活动和其他经济活动一样，也是人类所从事的活动，必须通过人的活动、人的行为才能完成和实现，与一般经济活动不同的是，技术创新活动由于其特殊性因而需要特定的技术创新主体，即具有技术创新意识和创新能力的科技人员。本书将创新主体定义为大学、企业和科研机构从事海洋能技术创新研究开发活动的科技人员，他们在我国海洋能产业技术创新过程中起着举足轻重的作用，是开展一切技术创新活动的前提。这些科技人员经过专业知识的培训和熏陶，富于创新精神的他们不满于单位内现有技术创新水平或技术创新开展情况，这些技术人才具备强烈的探索欲望和创新动力，通过反复试验不断寻求创新机会，政府也鼓励创新主体积极大胆地开展海洋能技术创新活动，大学和科研机构给予一定的资金支持，企业给予一定的政府补贴和优惠政策，鼓励他们勇于面对风险和一切不确定性，容忍创新失败的存在。各创新主体对海洋能产业技术创新活动的渴望、对科学技术水平的认知能力和敏感嗅觉、对新技术的投资力度，这些都决定了产业内技术创新活动的开展程度和水平。特别是在目前我国海洋能产业生产力水平相对较低的情形下，创新主体对技术创新活动的积极性和创造性显得尤为突出，也更为重要。如果说单个创新主体对技术创新活动的影响程度相对较弱，那么产学研结合对海洋能产业系统内的技术创新活动有重要的推动作用。因此，本书认为，创新主体的创新意识对我国海洋能产业系统内开展技术创新活动有重要的推动作用。

5.1.1.2 创新主体对创新收益的追求

假设 H2：对创新收益的追求将促使产业系统内创新主体不断开展技术创新活动。

追求超额利润是企业生产经营的最大动力。根据西方经济学理论，完全竞争市场中的个体是不能获得超额利润的，垄断竞争市场和完全垄断市场、寡头市场中的个体在某种程度上可以获得超额利润，后三个市场结构不同于完全竞争市场的特征就是其垄断性。因此，个体为了获得超额利润，就会寻求垄断，个体获取垄断地位的唯一途径就是发明一个新的产品，并在短期内实现其经济价值，为其开拓新的市场。在这样的市场中，产品的所有权掌握在少数供给者手中，供给者可以根据市场需求和产品定位，加之自己的利益空间来决定价格。我国海洋能产业系统内产品目前多表现为各海洋能电站的装机容量所提供的发电量、发明技术专利、各种发电设备等，这些新产品或新技术与其他原有产品或技术的差异性越大，可替代性就越低，利润空间就越大，企业形成的差异化壁垒就越强。下面，用经济学模型来解释这一问题，如图 5.1 所示。图 5.1 中，P_e 与 C_e 之间的差额为个体在短期内卖出一单位产品获得的超额利润，当个体最先提出新技术或生产出新产品时，在短期内与其他个体相比获得一定的超额利润，当其他个体发现新产品或新技术出现时，为获得超额利润将通过模仿或自主创新得到相类似的产品或技术，在市场经济体制下，各单位通过竞争逐渐打破这种技术壁垒。随着个体不断的进入，原有差异性的产品逐渐趋于同质，市场也逐渐从垄断市场转变为完全竞争市场，失去了产品或技术的垄断性，也失去了获得超额利润的渠道。从图 5.1 可以看出，企业为了获得收益，必须开始新一轮的技术创新活动，并通过对

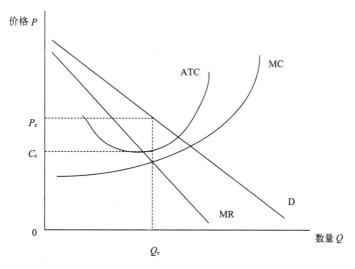

图 5.1　垄断市场

超额利润的追求不断提升个体单位的竞争实力，在这样反复不断的竞争轮回中，创新利益的驱使是企业持续不断创新的源泉，形成技术创新、个体单位成长、产业技术创新能力增强、再创新的良性竞争循环。我国海洋能产业系统内目前以新技术发电居多，与传统能源发电相比，潮汐能、波浪能、潮流能、海上风能等海洋能发电具有污染低、效率高的特点，我国政府大力提倡开发海洋能，不仅可以减少传统能源对环境的破坏，也可以从根本上节约发电成本，尽早形成大规模发电，优化资源配置，这对于我国未来能源的可持续使用是一项重要的工程。

5.1.1.3 政府政策引导支持

假设 H3：政府政策引导支持是我国海洋能产业健康有序发展的重要动力。

产业的发展离不开政府的政策支持。在市场经济体制下，市场机制作用于产业的发展，既有促进作用，在某些情况下也存在市场失灵和信息不对称等情况。当以上情况发生时，政府的政策引导和宏观调控就显得十分重要，对产业系统内的创新主体和市场具有莫大的激励力量。我国海洋能产业属于资源密集型产业，技术开发十分重要，创新主体对技术研发所需要的场地、设备、资金和人员配备均具有较高的要求，这与其他产业不同，在投入上相对较大，产业系统内单个个体要想生产经营下去就必须在人力、物力、资金上具有较高的优势，能够承担长期研发周期所带来的多方面压力。因此，产业系统内创新主体无法独自承担技术创新所带来的高成本和高风险，需要政府的政策支持和适时补贴。

5.1.1.4 市场需求拉动

假设 H4：市场需求拉动推动我国海洋能产业系统内开展技术创新活动。

市场需求拉动强调社会对技术的需要，社会需要是拉动、牵引技术创新的主要动力，而在市场经济条件下，社会需求一般表现为市场需求。能够发电的能源有水能、石油、天然气、煤炭、核能、太阳能、风能、地热能、海洋能等，随着煤炭资源的不断枯竭，社会呼吁新能源的开发和利用，减少对生态环境的污染和破坏，世界各国不断关注各种能源的开发利用，海洋能作为新能源在各国的研究当中逐步凸显，海洋能资源庞大，可利用空间和清洁程度远远高于其他能源，创新主体的创新行为总是将技术努力与社会需求紧紧拴在一起，社会对海洋能发电的需求将刺激市场鼓励海洋能产业进行技术创新活动，市场的力量一般分为两部分，一是刺激，二是约束。刺激表现为市场需要新技术，刺激创新主体以此为引导开展技术创新活动；约束表现为市场对个体的逆向约束压力增加企业的危机生存感，个体为了生存和经营下去，就必须迎合市场提出新产品或新技术。市场对产业系统内部刺激和约束的双重推动作用，是产业内创新主体技术创新的基本动力。

5.1.1.5　产业资源保障

假设 H5：产业资源保障是我国海洋能产业系统内开展技术创新活动的重要推动力量。

产业的发展离不开人力、物力和资金的支持。我国海洋能产业系统内人力支持表现为大学、科研机构不断向企业输送优秀的研发人员，设立专项人才培养基地；物力表现为政府支持大学和科研机构设有专门的实验场所，引进先进的实验设备；资金支持表现为政府鼓励大学、科研机构和企业开展海洋能技术创新活动，国家海洋局设立海洋能专项资金项目，提倡产学研创新合作。除政府资金支持外，金融机构对创新资金的投入也保障了海洋能产业技术创新活动的顺利开展。中介服务机构和商业机构提供成果转化服务，保障了创新成果能够顺利实现其商业价值。我国海洋能产业系统内部信息与外部环境信息的不断交换，使创新主体不断汲取新的能量，能够及时地优化创新资源进行技术创新活动。

5.1.1.6　科学技术进步

假设 H6：科学技术进步是我国海洋能产业系统内开展技术创新活动的重要动力。

科学技术是推动生产的第一动力。人类社会的发展历史和社会实践证明，任一重大科技进步都是技术创新的内在推动，远到造纸、尼龙，近到宽带移动通信、大型核电站、转基因、载人航天与探月工程等技术创新活动，都是如此。与世界发达国家相比，我国海洋能产业技术创新水平处于起步发展阶段，与世界尖端技术仍存在较大差距，世界尖端技术的迅速发展在推动世界科学技术进步的同时，也促使我国海洋能产业内部不断进行技术创新活动。另外，国内具有实力的大学、科研机构或企业，为增强其竞争实力，通过开展技术创新活动提升其核心地位，也是科学技术进步的根本源动力。

5.1.1.7　市场竞争压力

假设 H7：市场竞争压力是我国海洋能产业系统内开展技术创新活动的重

要动力。

随着知识经济时代的到来，市场中的生产经营个体承受着"优胜劣汰，适者生存"的生存规则，市场竞争的激烈程度决定着个体的技术创新活动的频次和频率。我国海洋能产业与世界发达国家相比，技术创新水平相对较低，一直处于跟踪、模仿、消化、吸收、再创新的阶段，在世界尖端技术的引领下，我国海洋能产业新产品和新技术在国际市场上占有一定的核心地位，但技术创新水平仍有待进一步增强。面临国际市场高技术创新水平的压力和国内市场资源环境紧迫的需求，我国海洋能资源的开发利用是"十二五"规划的重要课题。波浪能和潮汐能开发程度与温差能、盐差能相比相对较先进，电站建设方面已逐步趋向产业化，虽然目前海洋能发电成本与传统燃料如煤炭相比相对较高，但海洋能的清洁性和可持续性广受消费者和社会的偏爱。目前，在我国海洋能产业系统内部，率先创新成功的技术创新主体具有产业发展的主动权，成为其他主体获取知识的主要渠道和途径，享有技术创新成果的收益权。当其他主体通过模仿或自主创新实现新的技术创新时，产业内利益分配的格局再次发生变化，新一轮的技术创新活动再一次发生，进而形成良性的技术创新循环，从而实现整个技术创新体系创新水平的提升。

5.1.2 海洋能产业技术创新体系的创新动力机制模型

我国海洋能产业技术创新体系实施技术创新活动的过程中，动力要素不仅能够直接影响产业技术创新进展情况和技术创新成果，而且动力要素彼此之间也存在着一定的关系，相互影响，共同作用于产业系统内的技术创新过程。

创新主体对创新收益的追求是创新主体开展技术创新活动的最终目的，创新主体创新意识的萌生是开展技术创新活动的前提。因此，创新主体主观意识激发对利益追求的动机。当然，这一动机是否能够实现，需要对市场进行前期的市场调研，挖掘市场中消费者和客户的需求，在科学技术条件允许和产业资源充裕的情形下，面临化石燃料资源的日益枯竭并急需新能源出现的大环境下，我国海洋能资源的开发利用活动应运而生。可见，创新主体的创新意识与创新收益、市场需求、产业资源保障、科学技术进步、市场竞争压力等动力因素有相互依存的关系。因此，得到如下假设：

假设 H8：创新主体的创新意识和创新收益之间有显著的正向相关关系。

假设 H9：创新主体的创新意识和市场需求之间有显著的正向相关关系。

假设 H10：创新主体的创新意识和产业资源保障之间有显著的正向相关关系。

假设 H11：创新主体的创新意识和科学技术进步之间有显著的正向相关关系。

假设 H12：创新主体的创新意识和市场竞争压力之间有显著的正向相关关系。

创新活动需要政府的政策支持才可以有效开展，因此政府政策引导支持是创新收益获取的前提条件。消费者对新产品或新技术的偏好、科学技术进步和市场竞争导致市场中的产品和技术更新换代，在以上这些背景环境下，创新主体才有意识和有能力获取产业创新资源，进一步开拓新市场。我国海洋能产业系统内创新主体在汲取国外先进技术的基础上，不断努力学习刻苦钻研，开展自主创新活动，寻求同行业产品和技术的差异性，力争获取超额利润，增强我国海洋能产业的国际地位和国内的核心竞争力。可见，创新收益与政府政策引导支持、市场需求、产业资源保障、科学技术进步和市场竞争压力之间都存在着相互关系。因此，得到如下假设：

假设 H13：创新收益和政府政策支持之间有显著的正向相关关系。

假设 H14：创新收益和市场需求之间有显著的正向相关关系。

假设 H15：创新收益和产业资源保障之间有显著的正向相关关系。

假设 H16：创新收益和科学技术进步之间有显著的正向相关关系。

假设 H17：创新收益和市场竞争压力之间有显著的正向相关关系。

产业的发展离不开国家的宏观调控，把握产业的整体发展脉络，政府制定有效的产业发展政策能够引导产业内个体沿着健康有序的方向发展。我国在国内能源资源紧缺和国际能源开发利用迅猛发展的形势下，政府大力提倡和鼓励海洋能产业与相关产业及社会各界人士支持我国海洋能源的开发利用研究，产业系统内创新主体不断尝试新想法，达成产学研合作创新网络，充分利用产业所提供的各种资源，通过模仿创新、自主创新，提升我国海洋能产业技术创新水平。可见，政府政策引导支持的发生离不开市场需求、产业资源保障、科学技术进步和市场竞争压力。因此，得到如下假设：

假设 H18：政府政策引导支持和市场需求之间有显著的正向相关关系。

假设 H19：政府政策引导支持和产业资源保障之间有显著的正向相关关系。

假设 H20：政府政策引导支持和科学技术进步之间有显著的正向相关

关系。

假设 H21：政府政策引导支持和市场竞争压力之间有显著的正向相关关系。

一切经济活动的发生、运作和实施都在市场机制的作用下完成。消费者对商品和技术的需求反射到市场中，体现为市场需求。"十二五"规划提出大力发展战略性新兴产业，海洋能产业不仅是战略性新兴产业，也是能源行业未来发展的重点产业，我国政府在产业发展方向上给予大力政策支持的同时，也鼓励社会投资、融资，为大学和科研机构营造技术创新研发的良好环境和氛围，为企业融资、借贷给予一定的优惠条件，为产业发展提供良好的资源保障。科学技术进步、市场需求和市场竞争压力三者是相互依存、紧密联系的，科学技术进步促使市场开启新一轮的技术创新，给市场内技术创新个体造成生存压力，迫使产业内其他个体进行技术创新，以满足市场需求。可见，市场需求与产业资源保障、科学技术进步和市场竞争压力之间有着紧密的联系。因此，得到如下假设：

假设 H22：市场需求拉动和产业资源保障之间有显著的正向相关关系。

假设 H23：市场需求拉动和科学技术进步之间有显著的正向相关关系。

假设 H24：市场需求拉动和市场竞争压力之间有显著的正向相关关系。

创新主体在海洋能产业系统内达成产学研合作创新网络，共同分享产业所提供的优秀科研人员、资金和研发环境，这些资源是创新主体开展技术创新活动的必备条件，当新技术不断出现和市场竞争加剧时，产学研创新网络内就会有更多的创新主体去分享这些资源，产业资源就会面临紧缺或不足的情形，当这种情况发生时，频率加快的技术创新活动促使产业提供更多的资源保障。可见，产业资源保障与科学技术进步和市场竞争压力之间存在着紧密联系。因此，得到如下假设：

假设 H25：产业资源保障和科学技术进步之间有显著的正向相关关系。

假设 H26：产业资源保障和市场竞争压力之间有显著的正向相关关系。

科学技术进步和市场竞争压力之间是相辅相成，相互作用，相互影响的。海洋能产业属于能源产业之一，具有一定的垄断性，与通信行业类似，国内通信行业的几大龙头移动、联通和电信，垄断了我国大部分通信产品。目前，能源行业仍以传统燃料煤炭为主，太阳能光伏发电产业也逐步成熟，波浪能、潮汐能、海上风能发电技术也得到了大量的研究，越来越多的电站已经建成或正在建设，温差能和盐差能发电处于探索阶段，这些海洋能源成为 21 世纪能源研究的主题，国内外诸多学者对海洋能发电技术投入越来越多的研究，近年来海洋能发电技术得到了迅猛发展，新技术不断涌现的同时，对能源行业的其他产业也造成一定的市场竞争压力。海洋能发电技术目前多用于海上作业和海上试验，发电成本较其他产业仍相对较高。因此，民用发电是海洋能发电未来的重要发展领域。可见，科学技术的进步和市场竞争压力之间有影响。因此，得到如下假设：

假设 H27：科学技术进步和市场竞争压力之间有显著的正向相关关系。

根据以上分析，结合上一小节的内容，得出如下动力机制模型图，如图 5.2 所示。

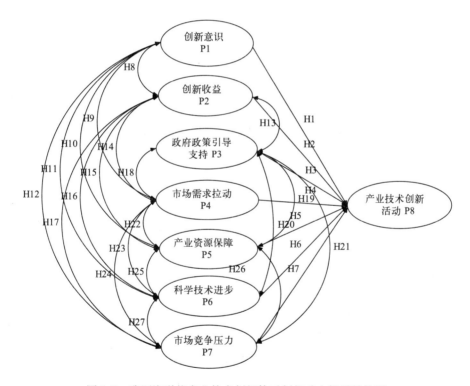

图 5.2　我国海洋能产业技术创新体系创新动力假设结构图

5.1.3　海洋能产业技术创新体系创新动力机制运行评价

5.1.3.1　调查问卷设计及样本收集

本章调查问卷的设计原则和指导思想与第 4 章 4.4 节的整体思路相同，同样经过前期的专家访谈,采用李克特的七级量表法,调查对象与 4.4 节相同。

本研究为了深入研究我国海洋能产业技术创新体系创新动力运行情况,基于上一节对我国海洋能产业技术创新体系动力要素的探讨分析,借鉴国内外已有的相关文献和资料,在征询海洋能专家意见的基础上,结合我国海洋能产业目前的发展形势,设计本量表。量表设置了创新主体的创新意识、创新主体对创新收益的追求、政府政策引导支持、市场需求拉动、产业资源保障、科学技术进步和市场竞争压力及产业技术创新活动 8 个维度,共 48 个测量题项,各维度和所属编号及题项见表 5.1。本次研究共收回问卷 614 份,剔除重复性答案较明显及数据缺失的问卷,共收回 538 份,有效率为 87.62%。

表 5.1 我国海洋能产业技术创新体系动力因素调查量表

变量	代码	测量题项
创新意识 P1	P11	领导者认为产业内科技人员比重应相对较大
	P12	产学研创新网络内科技人员经常进行技术交流
	P13	产业内创新主体具有较强烈的创新欲望
	P14	产业内决策领导层勇于承担创新风险和不确定性
	P15	产业内决策领导层的意见决定创新意识的实施
	P16	产业内创新主体对新技术和新发明有敏锐的洞察力
	P17	产业内决策领导层对新技术有较强烈的投资意愿
对创新收益的追求 P2	P21	产业内企业为了获取超额利润而开拓新产品或新技术
	P22	产业内创新主体为了巩固垄断地位研发新技术
	P23	产业内企业为了提高生产效率开发新技术
	P24	产业内企业为了开拓新市场追加投资
	P25	产业内企业为了节约成本开拓创新
政府政策引导支持 P3	P31	政府出台能源产业支持政策
	P32	政府倡导金融机构向海洋能产业内企业提供贷款优惠政策
	P33	教育部门重视培养具有海洋研究特色和实力的大学
	P34	政府对在海洋领域作出杰出贡献的单位或个人给予物质或荣誉奖励
	P35	政府给予从事海洋技术创新的企业财政补贴
	P36	政府对海洋技术创新产品或技术的商业推广给予政策支持
	P37	政府对于产业内海洋技术创新方面的知识产权给予保护
市场需求拉动 P4	P41	国家急需清洁能源
	P42	国外海洋能产业的迅速发展促使国内市场对海洋能技术具有较强烈的需求
	P43	产业内创新主体对行业具有深入的前景研究
	P44	我国海洋能产业的发展需要更多创新成果的推动
	P45	同行业内其他产业的创新促进了海洋能产业开拓创新

续表

变量	代码	测量题项
产业资源保障 P5	P51	产业内产学研网络具有充裕的科技人员
	P52	产业内各单位可以从多种渠道获得资金支持
	P53	产业内科技成果转化服务体系较健全
	P54	产业内法律保护措施完善
	P55	产业内各单位信息交流通畅
科学技术进步 P6	P61	与国内相比，国外海洋能技术发展迅速
	P62	技术进步可以为产业内各主体快速提升其核心竞争力
	P63	科技信息传播广泛，可以较快地获得与产业发展有关的科技信息
	P64	技术进步可以为产业带来经济效益
	P65	技术进步可以为产业带来社会效益
	P66	技术进步可以为产业带来技术效益
市场竞争压力 P7	P71	与同行业相比，海洋能发电成本仍相对较高
	P72	同业内其他产业对海洋能产业技术创新的开展反应迅速
	P73	同行业内竞争对手规模较成熟
	P74	同行业内竞争对手不断进行技术创新
	P75	与同行业其他产业相比，所占市场份额较低
产业技术创新活动 P8	P81	产业内各主体经常进行技术概念创新
	P82	产业内各主体合作交流频率较高
	P83	产业内各主体经常进行传递创新（流程创新）
	P84	产业内各主体自主创新新产品、新专利
	P85	产业内科技创新成果商业市场规模具有较广阔的前景
	P86	产业内产学研达成合作创新网络
	P87	与其他发电产业相比，产业新产品和新技术研发成功率较高
	P88	与其他发电产业相比，产业内投入产出比率较高

5.1.3.2　调查问卷的信度与效度分析

（1）效度分析

1）收敛效度分析。CITC 是用来测量同一变量的每一个测量题目与其他测量题目的相关性系数，用 CITC 来评价每一个测量题项的合理性，如 CITC 值大于 0.5，表明量表的题项设计合理，收敛性较好，没有项目需要剔除。采用 SPSS 16.0 软件，分析结果见表 5.2。

表 5.2 收敛性效度评价表

变量	测量题项代码	CITC 值	评价结果
创新意识 P1	P11	0.622	合理
	P12	0.709	合理
	P13	0.717	合理
	P14	0.707	合理
	P15	0.704	合理
	P16	0.723	合理
	P17	0.720	合理
对创新收益的追求 P2	P21	0.656	合理
	P22	0.598	合理
	P23	0.748	合理
	P24	0.690	合理
	P25	0.650	合理
政府政策引导支持 P3	P31	0.725	合理
	P32	0.693	合理
	P33	0.762	合理
	P34	0.739	合理
	P35	0.693	合理
	P36	0.735	合理
	P37	0.720	合理
市场需求拉动 P4	P41	0.606	合理
	P42	0.719	合理
	P43	0.765	合理
	P44	0.716	合理
	P45	0.737	合理
产业资源保障 P5	P51	0.708	合理
	P52	0.705	合理
	P53	0.669	合理
	P54	0.612	合理
	P55	0.658	合理
科学技术进步 P6	P61	0.622	合理
	P62	0.724	合理
	P63	0.765	合理
	P64	0.747	合理
	P65	0.709	合理
	P66	0.733	合理

续表

变量	测量题项代码	CITC 值	评价结果
市场竞争压力 P7	P71	0.682	合理
	P72	0.709	合理
	P73	0.649	合理
	P74	0.726	合理
	P75	0.633	合理
产业技术创新活动 P8	P81	0.715	合理
	P82	0.652	合理
	P83	0.687	合理
	P84	0.749	合理
	P85	0.769	合理
	P86	0.753	合理
	P87	0.637	合理
	P88	0.639	合理

2)区分效度分析。采用验证性因子分析进行区分效度分析，因子载荷值均大于0.6，KMO 值均大于0.8，Bartlett's 球形检验均显著，且累计解释的方差贡献率均大于 50%，说明量表的区分效度较好，区分效度分析结果见表5.3。

表5.3　区分效度分析结果

变量	题项	因子载荷值	KMO	累计方差贡献率(%)	Bartlett's
创新意识 P1	P11	0.744	0.907	66.985	0.000
	P12	0.820			
	P13	0.864			
	P14	0.832			
	P15	0.838			
	P16	0.850			
	P17	0.774			
对创新收益的追求 P2	P21	0.794	0.845	63.494	0.000
	P22	0.777			
	P23	0.884			
	P24	0.825			
	P25	0.750			

续表

变量	题项	因子载荷值	KMO	累计方差贡献率(%)	Bartlett's
政府政策引导支持 P3	P31	0.811	0.895	71.232	0.000
	P32	0.837			
	P33	0.847			
	P34	0.868			
	P35	0.834			
	P36	0.865			
	P37	0.844			
市场需求拉动 P4	P41	0.789	0.840	70.891	0.000
	P42	0.869			
	P43	0.863			
	P44	0.856			
	P45	0.831			
产业资源保障 P5	P51	0.838	0.863	74.438	0.000
	P52	0.836			
	P53	0.898			
	P54	0.876			
	P55	0.864			
科学技术进步 P6	P61	0.686	0.887	70.214	0.000
	P62	0.865			
	P63	0.841			
	P64	0.895			
	P65	0.870			
	P66	0.854			
市场竞争压力 P7	P71	0.744	0.832	65.800	0.000
	P72	0.836			
	P73	0.837			
	P74	0.867			
	P75	0.766			
产业技术创新活动 P8	P81	0.818	0.897	67.416	0.000
	P82	0.845			
	P83	0.856			
	P84	0.858			
	P85	0.770			
	P86	0.817			
	P87	0.799			
	P88	0.802			

(2)信度分析

根据以上分析得知量表设计的各项题项效度均良好，说明量表设计合理。信度分析验证的是变量的可靠性，本书采用 SPSS 16.0 软件，计算 Cronbach's α 系数，运算结果见表 5.4。根据表 5.4 分析结果。量表的整体 Cronbach's α 系数均大于 0.9，各个变量维度的 Cronbach's α 系数均大于 0.8，根据信度检验的理论内容，说明量表的信度非常好。因此，通过以上效度和信度检验评价后，发现量表的信度和效度都非常好，没有需要剔除不合理的题项。因此，不需重新发放问卷，可以直接进行接下来的模型假设检验。

表 5.4 量表的信度评价分析

变量	测量题项数目	Cronbach's α 系数
创新意识 P1	7	0.917
对创新收益的追求 P2	5	0.844
政府政策引导支持 P3	7	0.924
市场需求拉动 P4	5	0.879
产业资源保障 P5	5	0.884
科学技术进步 P6	6	0.920
市场竞争压力 P7	5	0.869
产业技术创新活动 P8	8	0.930
合计	48	0.979

5.1.3.3 样本的结构方程模型验证

(1)建立路径图

本书采用结构方程模型方法探讨分析我国海洋能产业技术创新体系的动力要素及各要素之间的关系。依据图 5.2 给出的各要素之间的假设关系，构建我国海洋能产业技术创新体系的动力结构模型，本模型包含：外生潜变量产业技术创新活动 P8，内生变量创新意识 P1、对创新收益的追求 P2、政府政策引导支持 P3、市场需求拉动 P4、产业资源保障 P5、科学技术进步 P6 和市场竞争压力 P7。模型中标注了需要验证的各个假设关系，具体如图 5.3 所示。

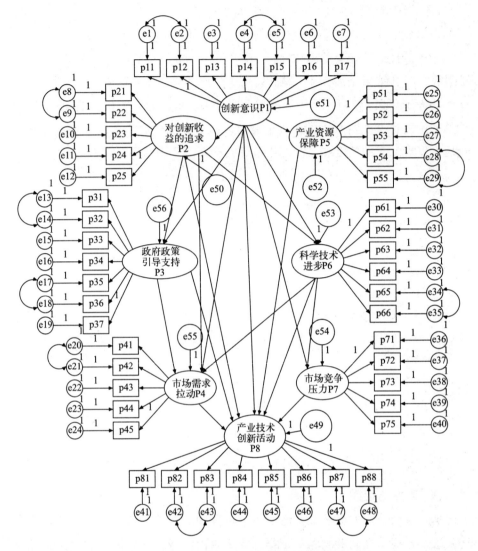

图 5.3　各变量之间的假设关系 SEM 图

（2）模型识别

根据第 4 章所给结构方程理论，本研究使用 t 规则对模型进行识别，即：$t \leqslant \frac{1}{2}(p+q)(p+q+1)$，本结构方程模型共有 48 个测量指标，即：$p+q=48$，代入公式得：$\frac{1}{2}(p+q)(p+q+1)=\frac{1}{2}\times48\times49=1\,176$，模型要估计 48 个因子载荷、48 个测量指标的误差方差和 27 个因子间相关系数。因此，共要估计 123 个参数，$t = 123 < 1\,176$，满足模型识别的必要条件。

（3）初始模型的参数估计

本书采用 AMOS 17.0 软件对所获取的数据进行处理，初始模型运行结果见表 5.5。

表 5.5　结构方程初始模型的整体适配度指标

	统计检验量	适配的标准或临界值	检验结果数据	模型适配判断
绝对适配度统计量	RMR 值	<0.05	0.120	否
	RMSEA 值	<0.08	0.098	否
	GFI 值	>0.90	0.546	否
	AGFI 值	>0.80	0.513	否
增值适配度统计量	NFI 值	>0.90	0.696	否
	IFI 值	>0.90	0.753	否
	TLI 值	>0.90	0.746	否
	CFI 值	>0.90	0.753	否
简约适配度统计量	PGFI 值	>0.50	0.509	是
	PNFI 值	>0.50	0.678	是
	$\dfrac{\chi^2}{df}$	<3	4.025	否

从表 5.5 所提供的初始模型适配度指标数值来看，部分适配度指标可以接受初始模型，但较多的指标是不在合理范围之内的，拒绝初始模型。总体而言，初始模型整体适配度不高，需要根据 AMOS 17.0 软件所给出的信息做进一步修正和检验。

（4）模型修正及检验

根据初始模型的运算结果，结合 AMOS 17.0 软件所指出的修正信息，添加一些修正指标给出的残差间的协方差关系，并添加了"创新意识 P1 和政府政策引导支持 P3"这一条新的假设路径关系，结构方程模型的修正过程不是一步完成的，根据运行结果给出的最大修正指标，逐一修正，最终模型共添加了 e1—e2，e4—e5，e8—e9，e13—e14，e17—e18，e20—e21，e28—e29，e34—e35，e42—e43，e47—e48 残差共变关系，即 10 条。模型修正后，再次进行修正模型的整体适配度检验和参数估计，最终参数估计结果见表 5.6。

表 5.6　修正后模型的参数估计结果指标

假设路径	标准化路径系数	显著性 p	是否支持假设
产业技术创新 P8←创新意识 P1	0.384	***	支持
产业技术创新 P8←对创新收益的追求 P2	0.547	***	支持
产业技术创新 P←政府政策引导支持 P3	0.358	***	支持
产业技术创新 P8←市场需求拉动 P4	0.641	***	支持
产业技术创新 P8←产业资源保障 P5	0.388	***	支持
产业技术创新 P8←科学技术进步 P6	0.354	***	支持
产业技术创新 P8←市场竞争压力 P7	0.634	***	支持
创新意识 P1↔对创新收益的追求 P2	0.557	***	支持
创新意识 P1↔政府政策引导支持 P3	0.358	***	支持
创新意识 P1↔市场需求拉动 P4	0.617	***	支持
创新意识 P1↔产业资源保障 P5	0.356	***	支持
创新意识 P1↔科学技术进步 P6	0.324	***	支持
创新意识 P1↔市场竞争压力 P7	0.550	***	支持
对创新收益的追求 P2↔政府政策引导支持 P3	0.128	*	部分支持
对创新收益的追求 P2↔市场需求拉动 P4	0.787	***	支持
对创新收益的追求 P2↔产业资源保障 P5	0.302	***	支持
对创新收益的追求 P2↔科学技术进步 P6	0.330	***	支持
对创新收益的追求 P2↔市场竞争压力 P7	0.311	***	支持
政府政策引导支持 P3↔市场需求拉动 P4	0.770	***	支持
政府政策引导支持 P3↔产业资源保障 P5	0.554	***	支持
政府政策引导支持 P3↔科学技术进步 P6	0.313	***	支持
政府政策引导支持 P3↔市场竞争压力 P7	0.352	***	支持
市场需求拉动 P4↔产业资源保障 P5	0.114	*	部分支持
市场需求拉动 P4↔科学技术进步 P6	0.659	***	支持
市场需求拉动 P4↔市场竞争压力 P7	0.698	***	支持
产业资源保障 P5↔科学技术进步 P6	0.334	***	支持
产业资源保障 P5↔市场竞争压力 P7	0.717	***	支持
科学技术进步 P6↔市场竞争压力 P7	0.570	***	支持

注：＊＊＊表示 $p<0.001$，＊表示 $p<0.05$。

从表 5.6 修正模型给出的检验指标结果来看，除"对创新收益的追求 P2 和政府政策引导支持 P3"、"市场需求拉动 P4 和产业资源保障 P5"得到了部分支持外，其余假设均得到了验证，表明其他有关我国海洋能产业技术创新体系的动力因素及之间的假设关系都成立，修正后的模型整个适配度指标见表 5.7。

表 5.7　修正后 SEM 整体适配度指标

	统计检验量	适配的标准或临界值	检验结果数据	模型适配判断
绝对适配度统计量	RMR 值	<0.05	0.035	是
	RMSEA 值	<0.08	0.058	是
	GFI 值	>0.90	0.980	是
	AGFI 值	>0.80	0.912	是
增值适配度统计量	NFI 值	>0.90	0.910	是
	IFI 值	>0.90	0.946	是
	TLI 值	>0.90	0.976	是
	CFI 值	>0.90	0.977	是
简约适配度统计量	PGFI 值	>0.50	0.607	是
	PNFI 值	>0.50	0.598	是
	$\dfrac{\chi^2}{\mathrm{d}f}$	<3	2.212	是

根据 AMOS 17.0 软件所给出的修正后结构方程模型的适配度指标数值可以看出，修正后的所有指标都达到了合理可接受范围。因此，修正后的模型整体良好，模型整体上可以接受。修正模型中加入了"创新意识 P1 和政府政策引导支持 P3"变量间关系，修正后的模型结构图如图 5.4 所示，图 5.4 中实线代表假设通过检验，虚线代表假设未完全通过检验。

综上所述，创新意识、对创新收益的追求、政府政策引导支持、市场需求拉动、产业资源保障、科学技术进步和市场竞争压力是我国海洋能产业技术创新活动发生和开展的重要动力要素，各动力要素之间通过相互作用和综合作用促进和驱动我国海洋能产业技术创新体系开展技术创新活动。除对创新收益的追求 P2 和政府政策引导支持 P3、市场需求拉动 P4 和产业资源保障 P5 之间的正向影响关系不是十分显著之外，其他动力因素的相互作用及各自对我国海洋能产业技术创新体系创新活动的影响都十分显著，具有重要的作用。其中，对创新收益的追求、市场需求拉动和市场竞争压力是我国海洋能产业技术创新体系开展技术创新活动的重要驱动因素，对整个技术创新活动起到诱导的作用，创新主体的创新意识又是以上 3 个诱导动力因素的根本点。而产业资源保障、政府政策引导支持和科学技术进步可视为我国海洋能产业开展技术创新活动的外在因素，起到激发和促进的作用，保证技术创新活动的顺利实施。创新行为受外界环境的影响，创新主体提出我国海洋能产业技术创新体系的创新目标，在 3 个诱导因素的相互作用下，政府为技术创新目标的开展提供政策保护支持，产业为技术创新活动的实施提供金融、人员、基础设施等资源保障，在国外尖端技术的刺激作用下，创新主体实施新一轮的技术创新活动，研发所需产品或技术。因此，结合以上分析，我国海洋能产业技术创新体系的动力机制理论图如图5.5 所示。

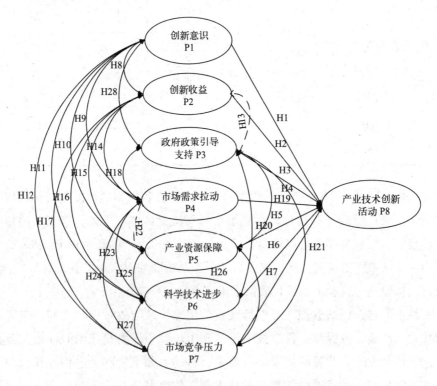

图5.4　我国海洋能产业技术创新体系创新动力模型修正图

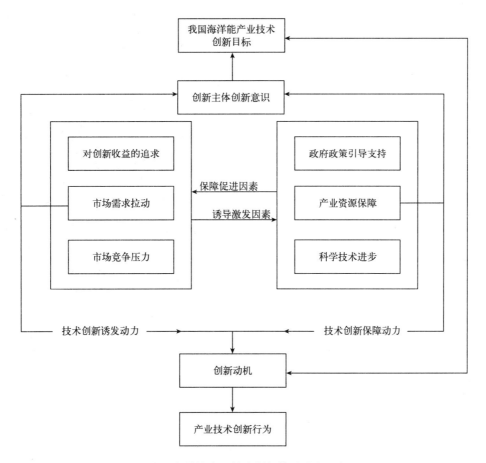

图 5.5　我国海洋能产业技术创新体系动力机制理论图

5.2　我国海洋能产业技术创新体系的发展机制

5.2.1　我国海洋能产业技术创新体系的创新扩散机制

在创新动力要素的驱动下，我国海洋能产业技术创新体系创新主体之间展开技术创新活动，包括大学和大学、大学和科研机构、大学和企业、大学和科研机构和企业等产学研合作创新网络，随着创新主体之间创新活动的实施，创新资源也随之流动，创新资源的流动包括与系统外界的交换和系统内资源的扩散。创新成果在发生知识溢出时，与外界资源发生能量流动，从外界吸取优异的资源能量,为系统输入新鲜血液,有助于系统内开展新一轮的技术创新活动;系统内资源的扩散主要集中于创新成果商业化之后产业内其他创新主体追随、模仿,进而开展新一轮的自主创新活动,这样不断地良性循环,提升我国海洋能产业技术创新体系的科技创新能力和核心竞争力。技术创新扩散是指技术、知识、信息通过一定的渠道在潜在使用者之间传播、推广和采用的过程。通过知识、技术和信息的扩散,促使技术创新逐渐为潜在使用者所采用,从而提高产业内各创新主体的技术创新水平,加快提高技术创新的经济效益。一般来说,一项技术创新活动本身对经济的影响和社会生产力的提高是有限的,只有借助于扩散,才能使一项技术创新的潜在经济效益最大限度地发挥出来,促进技术经济系统进化和高级化。技术创新扩散包括创新观点扩散、R&D 技术扩散和技术创新实施技术扩散 3 个部分。

经济合作与发展组织 OECD 指出技术创新活动是在需求者和供给者交流过程中产生、发展、实施起来的,是编码化知识和专家的隐性经验知识结合所推动起来的,任何一项技术创新活动都是在创新源之间、创新源与需求者之间或潜在使用者之间通过交流所产生的编码化或经验类创新知识。创新主体的隐性经验类知识在整个创新活动中是最难以挖掘的,对技术创新活动有重要的贡献,也是最值得挖掘的。因此,创新主体之间的交流成为获取隐性经验类知识最重要的途径。我国海洋能产业属于高技术新兴产业,由于技术的尖端性该领域专家和技术人才头脑中存在着大量的隐性经验类知识,获得这些隐性知识成为该领域技术创新成功的关键因素。在第 3 章我国海洋能产业技术创新主体系统研究过程中表明,我国海洋能产业目前创新主体集中于大学、科研机构和企业,而三者独立研发能力较弱。产学研结合创新网络初见成果,该创新网络为创新主体(创新源)沟通与交流提供了最好的平台,该平台拥有宽松、自由、积极的环境,创新主体之间针对交流主体各自发表意见、借助语言、体态、情感等人体内在因素表达隐性经验类知识,创新主体在观察、思索各创新源的表述之后,领会隐性经验类知识的本质。因此,创新主体的创新意识和创新思维、创新观点的扩散是我国海洋能产业技术创新体系开展技术创新活动的源泉,为 R&D 技术研发提供了坚实的基础。

在创新资源和创新环境的保障下,在创新意识和创新观念的驱动下,创新主体通过合作开展技术创新活动,目前,我国海洋能产业技术创新活动的开展多始于大学和科研机构的实验场所，通过优秀专业人员的实验开发，获得新产品或新技术。当这一创新网络成果浮出水面时，该创新成果的知识溢出效应促使其他产学研主体关注这一创新成果，通过模仿、汲取、自主创新，在所得成果基础上挖掘新的突破点，开展新一轮技术创新活动。因此，技术扩散对我国海洋能产业的技术创新活动起到了积极的促进作用，使原本稳定的技术创新体系从不平衡达到另一个平衡的过程，该进程对产业化、人员流动、创新合作和信息资源传递都有重要的促进作用。

另外，创新支撑子系统中的创新资源和创新环境所提供的金融支持也加速了技术在系统内的扩散。金融机构所提供的金融支持不但可以投资大学和科研机构，支持和帮助其实验研发，也可以放贷给需求者或投资方，增强其创新意识、加速其创新行为，又可以投资于企业，帮助创新成果及时转化，尽快投入市场，从而加速创新源的扩散如图5.6所示。

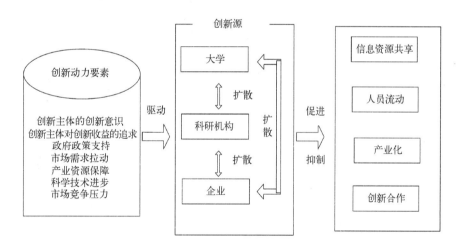

图5.6 我国海洋能产业技术创新体系创新扩散机制

5.2.2 我国海洋能产业技术创新体系的信息传导机制

通畅、准确的信息传导机制是保证我国海洋能产业技术创新成果有效、顺利转化的前提，信息传导机制作用于产业技术创新成果的传送方与需求方之间，使创新成果从传送方通过交流、交换、展示、传输等方式送达到需求方，实现创新成果的顺利转化和转移。在激烈的市场竞争环境下，动力机制和创新扩散机制驱动我国海洋能产业技术创新主体的创新意识，创新主体可以是创新成果的传送方，也可以作为创新成果的发明者或制约或加速传送方的行为。服务环境中的中介机构和商业服务机构为创新成果的转化提供了多种渠道，通过这些渠道将创新成果输送给需求方，渠道的多样性和有效性不仅可以为创新成果实现其商业化提供后期保障，也为创新主体开展技术创新活动节省了时间成本，加速了新一轮技术创新活动的发起，当创新成果输送给需求方之后，需求方在使用创新成果的同时，对创新成果产生新的要求，并通过中介机构将信息反馈给创新主体如图 5.7 所示。

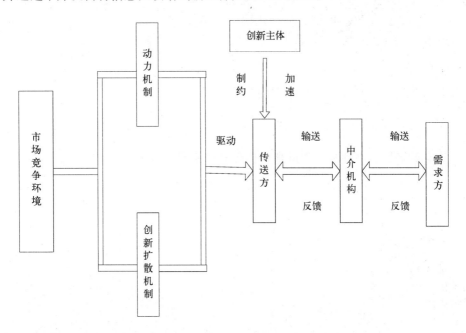

图 5.7　我国海洋能产业技术创新体系信息传导机制

技术创新活动在实验室发起，汇集了编码化的显性知识和专家头脑中的隐性经验类知识，是高技术、高知识的载体，不论是正式的传导渠道还是非正式的传导渠道，都可以有效地使创新成果实现其商业价值，达到技术创新的最终目的，即对创新收益的追求。创新主体对创新收益的追求是信息在创新主体之间能够流通的关键因素，创新主体为了获取高额的创新利润或提升其自身的创新实力，必须自愿地在产学研合作创新网络中交流各自的经验和想法，将知识在各创新主体之间流动，在弥补自身实力和节约时间、空间等成本的条件下，完成一项技术创新成果，并获得相应的商业利润。创新成果的知识溢出一般都是从实力较强的创新主体流向实力较弱的创新主体，从而在合作创新网络内自发地形成一种位势上的差距，而这种差距又是网络内技术领先主体保持其地位和获取垄断利润的优势。因此，我国海洋能产业技术创新体系的信息传导机制不仅需要通畅有效的流通渠道，还需要创新主体自愿进行信息传输的观念意识。

5.3　我国海洋能产业技术创新体系的协调和保障机制

5.3.1　我国海洋能产业技术创新体系的协调机制

技术创新是一种系统性活动，是由若干有机体形成的总系统，为了使该系统有效运转，必须最大限度地协调各有机子系统及各子系统内的因素关系。我国海洋能产业技术创新体系的主体子系统和支撑子系统之间存在着一定的内在联系，表现为相互依赖性。主体子系统内的各创新源又表现出时间上的继起性、空间上的并存性和彼此的依赖性。我国海洋能产业技术创新体系协调机制的作用在于科学分析各个子系统创新的关系，调整和矫正各个子系统及其内部的运作，使系统内的各要素能够在具体运作中相互衔接和配套，以促进我国海洋能产业在市场中不断发展，提升其经济地位。

为了使各子系统的协调运作发挥 1 + 1 > 2 的作用，我国海洋能产业系统内需有效处理创新主体与支撑环境、主体及主体之间的关系。创新主体在开展技术创新活动的过程中，需要不断汲取创新支撑环境所提供的各种资源，包括新的产业政策、稳定的法律政治环境、金融机构的资金投入及各种激励制度等，当创新成果完成，投入市场时，又需要创新支撑环境子系统提供中介服务，协调供给者和需求方，开拓更多有效的销售渠道，实现技术创新成果的商业转化。反之，技术创新体系内的各创新主体通过技术创新的实施和运行，将各种政府政策或行业措施在实施过程中的信息和结果反馈给政府及产业相关部门，政府及产业相关部门在反馈得到的信息中发现我国海洋能产业目前存在的问题，及时改变发展策略或相应改善对策。当然，创新主体本身也有自我调节能力, 大学、科研机构和企业作为创新源的重要组成部分, 需要不断提出新想法、新观念, 向产业技术创新体系内适时注入新血液, 与外界发生能量流、物质流、信息流、创新流交换, 保证我国海洋能产业技术创新体系是一个不断从稳定到不稳定再到稳定的发展循环体。在创新主体自我调节的同时, 产学研部门之间的相互调节也十分重要, 大学与科研机构、大学与企业、企业与科研机构, 这些部门之间在文化及理念上都有不同, 要寻找其相同的价值目标, 并自愿为这一目标达成合作意愿, 发挥各自的技术创新优势, 协调各方资源, 实现资源优化配置, 在政府宏观调控和市场经济体制大背景下, 创新主体间形成集中协调机制, 在协调机制的作用下促使我国海洋能产业技术创新体系沿着健康、有序的方向可持续发展如图5.8 所示。

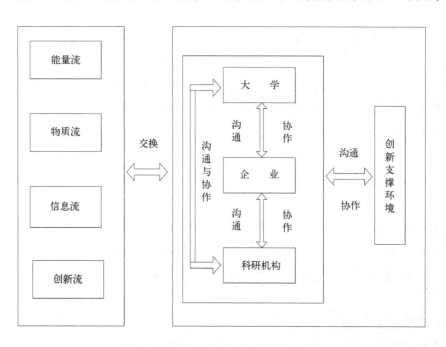

图 5.8　我国海洋能产业技术创新体系协调机制

5.3.2　我国海洋能产业技术创新体系的保障机制

保障机制主要是我国海洋能产业技术创新体系在资源要素和环境要素的依托下, 通过资金、政策、制度、法律、文化、中介服务等方方面面的支持, 需要各方利益相关者、社会力量等多方面因素的鼎力配合, 发挥其对技术创新体系的保障功能，但一切的前提均是具有健全的市场经济体制。

　　我国海洋能产业技术创新体系的保障资源要素主要有基础设施保障、资金保障、科技人员保障、制度保障、政府政策保障、科技成果转化保障等，各种保障资源与技术创新主体紧密相联，为技术创新活动提供各种所需资源。其中，政策保障方面，政府政策保障与产业未来发展的方向息息相关，海洋能产业作为"十二五"规划重点发展领域，得到了政府和社会的多方面支持，为我国海洋能产业的快速发展提供了重要的政策保障。在发达国家，基金资助产学研创新合作项目是普遍采用的政府支持方式，如美国设立国家科学基金会 NSF、英国设立高教地区发展基金 HERDF、德国设立促进小型高技术企业创新风险投资计划和 FUTOUR 计划等。多个国家的实践经验证明，政府基金支持为产学研合作研究提供了有力的资金保障。我国有关海洋能的基金支持始于 2010 年，国家海洋局海洋科学技术司设立了海洋能专项资金，全面支持海洋能产业的发展，并对基金使用及项目的事中及事后监督制定了明确的规章制度，全方位的保障体系为我国海洋能产业开展技术创新提供及时、丰富的信息。

　　再者，创新成果的商业化实现需要一定的保障制度。目前，我国海洋能产业技术创新主体，即大学、科研机构和企业，每个主体本身很难承担其一项研发工作的全部环节，无法承担技术创新活动所带来的自我保障成本。因此，目前的研发模式将保障成本分散，大学和科研机构负责技术创新的研发，企业负责技术创新成果的转化，每个创新主体负责对各自所需的人力、物力、资金、信息服务、市场调查等方面资源的控制力，分工协作大大降低了每个创新主体的保障成本，也凸显了产学研合作创新的优势。

　　此外，创新人才培养、创新团队建设、技术创新重点实验室建设、技术标准建设等条件保障以及资金保障等内容都是我国海洋能产业技术创新体系得以运行和发展的重要保障因素(如图 5.9 所示)。

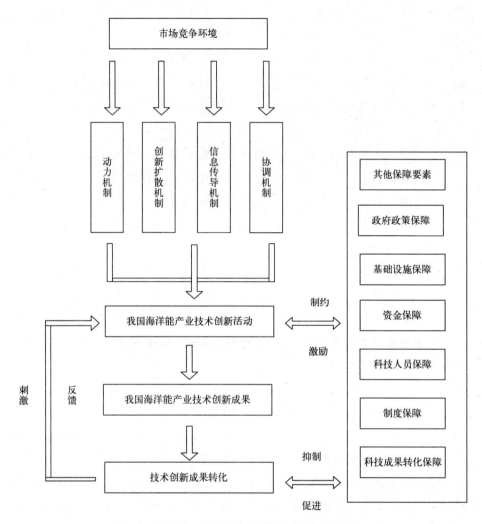

图 5.9　我国海洋能产业技术创新体系保障机制

第6章 我国海洋能产业技术创新
体系运行绩效评价

6.1 我国海洋能产业技术创新体系运行绩效的内涵

海洋能产业作为一种新兴的产业模式，目前尚没有一个准确的概念界定，涵盖了波浪能、潮汐能、潮流能等所有海洋能源。本书从海洋能产业的内涵和发展特征出发，借鉴产业创新系统理论，从系统功能角度将产业技术创新体系划分为创新主体子系统、创新支撑子系统和运行机制三部分，前面章节对这三部分内容进行了充分分析和阐释，由于海洋能产业技术创新体系的复杂性，在其构建和运行过程中，各种影响因素往往难以厘清和识别，创新效果也难以评估。对相关文献的梳理显示，目前国内外学者对运行绩效的界定和评价角度仍存在很大的差异。Carlsson 等指出，如能定位在产品、产业或产业群上，创新系统的绩效评估会容易很多。但从系统的角度定义运行绩效要复杂得多。徐作圣等从国家自主创新能力的角度提出了创新系统评价的框架，包括知识投入、知识存量、知识流量、知识产出、知识网络和知识与学习等6个维度。朱海就将创新系统的运行绩效界定为企业创新能力、网络创新能力和创新环境三个部分，通过对这三个部分的指标量化来评估系统的运行绩效。赵树宽等从系统效应和经济效益的角度出发评估系统创新绩效，运用投入产出分析法来构建产业间创新经济效益的投入产出模型。梁中和周翔从创新资源投入能力、低碳科技创新能力、低碳经济产出能力、低碳政策环境支撑力、社会及自然环境支撑能力5个维度出发评价低碳产业创新系统运行绩效，通过 TOPSIS 法，构建了完整的指标评价模型和绩效评价模型。

从以上研究结果来看，学术界关于产业创新系统的运行绩效评价并没有统一的界定，也没有确定绩效评价的对象到底是什么，这种概念上的模糊将会造成系统运行绩效评价上的混乱。本研究认为，建立我国海洋能产业技术创新体系的目的是将各创新要素资源优化配置，表现为创新主体子系统、创新支撑子系统和运行机制三个部分创新功能的实现能力，即产业技术创新体系的创新能力。也就是说，创新能力是我国海洋能产业技术创新体系运行绩效的主要评价依据和评价对象。对我国海洋能产业技术创新体系而言，创新能力是整个系统运行状况的综合反映，其力量的强弱直接决定着技术创新体系运行绩效的高低。

因此，本章构建我国海洋能产业技术创新体系运行绩效评价模型，从产业技术创新体系的创新能力角度分析了系统的构建情况和运行效果。通过评价，一方面可以清楚地了解我国海洋能产业目前的整体创新情况，另一方面可以认识到产业自身的不足和存在的问题，以便及时总结经验，弥补缺陷，采取针对性措施，这对于我国政府及产业相关部门制定产业发展政策、提高产业创新水平、减少创新不确定性等问题具有重要的实践意义。本章评价内容从评价指标、指标权重和评价方法三个方面入手。

6.2 我国海洋能产业技术创新体系运行绩效评价指标体系的构建

6.2.1 评价指标体系的构建原则

为了使我国海洋能产业技术创新体系综合评价研究过程中构建的指标体系具有实用性和科学性，本书归纳总结了评价指标体系构建的基本原则。

(1) 科学性原则

设计科学的评价指标体系是确保评价结果准确合理的基础，评价结果的有效性很大程度上取决于指标体系、评价准则和评价程度等方面是否科学。要全面考虑海洋能产业创新系统运行绩效的各种评价指标，一方面评价指标不能过多过细，以免指标重叠交叉，使整个评价体系不能体现整体；另一方面也不能过于简略，防止出现遗漏，从而不能体现创新的全部过程。

(2) 全面性原则

指标的纳入和删选应涵盖海洋能产业技术创新的全部过程，既能反映海洋能产业技术创新体系运行绩效的总体特征，也能满足政府及产业相关部门进行创新管理对重要数据和实证研究结果的需求，使人们能够全方位、多层次地了解海洋能产业技术创新的需求。

(3) 系统性原则

海洋能产业技术创新体系指标体系的构建受内外部环境因素的多方面影响，因而我国海洋能产业技术创新评价指标的选择不可能只考虑单一因素，必须采取系统设计、系统评价的原则，遵循整体性原则，在设计指标时将所有因素综合在一起进行观察和研究。

(4) 可操作性原则

实证研究过程需要统计数据支持。因此，不管是定性指标还是定量指标，最终都需要能够通过某种渠道获得取值或者数据。不仅要考虑到微观层面是否具有相应广泛的统计记录，还要确保在宏观层面统计数据的来源是否通畅，并且要明确定性指标获取调查数据是否便捷有效，多采取客观性的评价指标，寻找适合各种数据的计量处理方法，才能使评价结果更具科学性和合理性。我国海洋能产业技术创新体系运行绩效的评价研究由于产业本身的特殊性和国家统计资料方面整理的时滞性，本书选择定性指标评价方法，通过专家访谈获取相应数据。

(5) 探索性原则

目前对于我国海洋能产业技术创新体系的研究，还没有学者针对性地提出关于创新系统的评价指标，本书根据学者们在其他高技术领域技术创新运行绩效及创新能力评价方面的文献和资料，并结合海洋能产业的特点，探索性地提出海洋能产业技术创新体系运行绩效的综合评价指标。

(6) 可持续发展原则

研究我国海洋能产业技术创新体系的最终实践意义是为了缓解我国日益严峻的能源压力。因此，测度指标中的数据或题项要能够反映出创新对社会效益和其他产业的贡献，不仅能够反映出现存情况，而且能够具有前瞻性，代表产业的未来发展趋势，对社会和产业的可持续发展具有推动作用。

6.2.2　评价指标体系的构建维度

我国海洋能产业属于高科技产业，不仅具备海洋新兴产业"高投入、高收益"的特点，还具备高技术产业"科技含量高、技术进步快"的特点，更应该是在海洋资源环境日益紧张、国际海洋技术经济范式更迭、各国抢占技术制高点之时，具备科技创新能力强、可持续发展等特点的产业。根据我国海洋事业对海洋高科技产业的需求，结合当前海洋能产业的发展现状及其发展趋势以及海洋能产业的特点，从我国海洋能产业技术创新体系运行绩效评价的内涵出发，以创新主体、创新支撑环境和运行机制共建我国海洋能产业技术创新体系为研究内容，将评价对象分解为以下 4 个维度(如图 6.1 所示)。

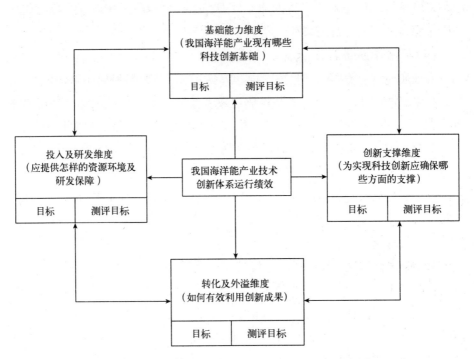

图 6.1　我国海洋能产业技术创新体系运行绩效评价维度

(1)基础能力维度

从已有海洋科技资源、国家政策条件、科研组织机构及科研项目管理等角度出发，对影响我国海洋高科技产业及海洋能产业发展具有决定性作用的因素进行剖析，有利于提高我国海洋高科技产业及海洋能产业科技创新的基础研究能力。

(2)创新支撑维度

从我国海洋高科技产业及海洋能产业所面临的外部支撑条件出发，分析影响我国海洋高科技产业及海洋能产业科技能力的经济、环境、资源、体制等支撑体系，有利于完善我国海洋高科技产业及海洋能产业科技创新支撑体系建设，培育并推动海洋高科技产业及海洋能的发展。

(3) 投入及研发维度

基于科技创新资源投入的角度，综合评价我国海洋高科技产业科技创新资源投入的强度与密度，凸显研发主体的重要性，提高自主创新能力，培养高素质海洋科技人才。

(4) 转化及外溢维度

科技创新成果的重要性很大程度上在于成果的转化及外溢，结合我国海洋高科技产业及海洋能产业发展的特点，从科技成果的内部波及转化和外溢效应等角度评价我国海洋高科技产业及海洋能产业的科技创新能力，促进海洋成果的可持续利用。

6.2.3　评价指标体系的确定

由于我国海洋能产业尚未有公开的统计数据资料可以获得，因而本书实证研究过程均采用定性指标。指标初选过程主要有以下几个方面：①直接借用已有文献中广泛认同的或已经被证实或相对成熟的测量题项；②在已有文献或资料提出的量表基础上结合本研究的实际情况调整；③依据技术创新及技术创新能力相关理论或文献研究结论分析得知。根据以上三个方面，本研究期初设计了相应的测量题项，采用调查问卷的方式，向海洋能领域的研究专家、政府相关人员及产业从业人士进行访谈，针对海洋能产业技术发展情况对所设置题项进行磋商探讨，并依托哈尔滨工程大学的资源优势，向哈尔滨工程大学从事高新技术相关行业的 MBA 和 EMBA 学员发放了 60 份问卷进行预测试，这些问卷在课后全部予以收回，经过剔除答题不完整的问卷 8 份，获得符合要求的有效问卷 52 份，对问卷各个题项进行 CITC（题目总分相关）处理，发现各题项均符合测度海洋能产业技术创新体系运行绩效。

我国海洋能产业技术创新体系运行绩效评价模型的构建从指标体系的建立开始，为了消除指标体系及其权重系数确定过程中过多的主观成分起作用，本书遵循全面性与科学性、可操作性与客观性、定量与定性相结合的原则，用系统化、科学化的方法作为指导，经过反复调查、认真分析与严格筛选，以 AHP 和 BSC 法为基础，进行多轮专家意见调研，设计出从不同维度反映我国海洋能产业技术创新体系运行绩效情况的评价指标体系，为我国海洋能产业技术创新体系运行绩效评价提出了一个新的思路，评价指标体系如图 6.2 所示。

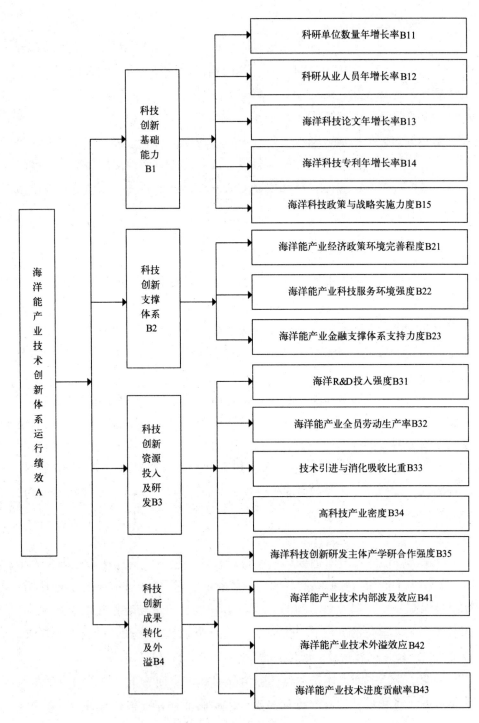

图 6.2　基于 AHP 和 BSC 的我国海洋能产业技术创新体系运行绩效评价指标体系

　　本着科学性、客观性、可操作性和系统性的原则，利用文献检索法在课题组前期研究成果的基础上，将我国海洋能产业技术创新体系三部分构成要素根据其各自功能分解，构建了如图 6.2 所示的我国海洋能产业技术创新体系运行绩效两级评价指标体系，一级指标由科技创新基础能力 B1、科技创新支撑体系 B2、科技创新资源投入及研发 B3 和科技创新成果转化及外溢 B4 构成，各一级指标下设二级指标。指标名称、代码及性质见表 6.1。

表 6.1　我国海洋能产业技术创新体系运行绩效评价指标体系

目标层	一级指标	二级指标	指标代码
我国海洋能产业技术创新系统运行绩效	科技创新基础能力 B1	科研单位数量年增长率	B11
		科研从业人员年增长率	B12
		海洋科技论文年增长率	B13
		海洋科技专利年增长率	B14
		海洋科技政策与战略的实施力度	B15
	科技创新支撑体系 B2	海洋能产业经济政策环境完善程度	B21
		海洋能产业科技服务环境强度	B22
		海洋能产业金融支撑体系支持力度	B23
	科技创新资源投入及研发 B3	海洋 R&D 投入强度	B31
		产业全员劳动生产率	B32
		技术引进与消化吸收比重	B33
		高科技产业密度	B34
		海洋科技创新研发主体产学研合作强度	B35
	科技创新成果转化及外溢 B4	产业技术内部波及效应	B41
		产业技术外溢效应	B42
		产业技术进步贡献率	B43

　　1）科技创新基础能力 B1：科技创新基础能力指标主要考察我国海洋能产业技术创新体系的支撑子系统基础投入能力情况，主要从科研单位数量年增长率、科研从业人员年增长率、海洋科技论文年增长率、海洋科技专利年增长率、海洋科技政策与战略实施力度五个方面进行评价。

　　2）科技创新（外部）支撑体系 B2：科技创新支撑体系指标主要从海洋能产业经济政策环境完善程度、海洋能产业科技服务环境强度、海洋能产业金融支撑体系支持力度 3 个指标进行评价，考察我国海洋能产业外部环境对技术创新体系创新能力的影响。

3）科技创新资源投入及研发 B3：侧重产业内部技术创新所涉及的影响因素，根据我国海洋能产业技术创新体系研发的实际情况出发，从海洋 R&D 投入强度、产业全员劳动生产率、技术引进与消化吸收、高科技产业密度、海洋能科技创新研发主体产学研合作强度五个方面进行评价。

4）科技创新成果转化及外溢 B4：用于评价我国海洋能产业技术创新体系的科技成果投入使用后的社会效率，考虑它对产业内其他创新单位及供应链其他个体的作用及它的社会价值，主要从产业技术内部波及效应、产业技术外溢效应、产业技术进步贡献率三个方面进行评价。

6.3 我国海洋能产业技术创新体系运行绩效的实证分析

在构建我国海洋能产业技术创新体系运行绩效评价指标体系时，各项指标对运行绩效的重要性各不相同，这些指标对评价结果的影响程度也不同。因此，为了能够准确地评价我国海洋能产业技术创新体系的运行绩效，必须根据各指标在整个体系中的重要程度相应赋予其权重。目前，我国海洋能产业技术创新研究多集中于科研机构和高等院校，由于其研究起步较晚，研究范围也相对有限，为提高本研究的科学性和有效性，评价产业技术创新能力时，邀请多领域海洋能专家和学者对指标进行赋权，因而对同一指标的重要性判断会存在一定差别。因此，本书在指标权重的确定上采用基于格栅获取的 Borda 数分析法，这种方法不仅可以凸显赋权专家比较关心的因素，而且可以使各权值在指标重要性上进行排序，综合了不同群体的意见，能够较好地反映各指标的权重。

6.3.1 运行绩效评价方法的选取

在经济管理研究领域，评价是指根据确定的目的来测定对象系统的属性，并将这种属性变为客观定量的计值或者主观效用的行为。经过几十年的发展，国内外学者对于问题及现状的评价研究已经提出了几十种评价方法，目前，在经济管理研究领域比较典型的评价方法有证据理论、层次分析法、模糊综合评价法、灰色关联评价法、人工神经网络评价法及主成分分析法及因子分析方法等。

(1)主成分分析法

主成分分析法是根据原始变量之间的相关性关系，对指标数据进行分组归类，将相关性较高的变量归纳为同组，不同组之间的变量相关性较弱，从而简化问题难度，并综合分散的变量，使其变为新的综合指标，形成综合函数，最后将每组变量都由公共的一个因子进行表示，进而实现对变量的降维目的。这个方法可以减少指标间的重复信息干扰，避免主观因素的影响，充分利用客观数据对问题进行定量分析，从而建立最细致、最基本的体系，发掘问题的本质联系。在实证问题的研究中，为了更加全面、系统地分析问题，需要考虑多项影响运算结论的变量和指标，因为每个变量和指标间都不是独立的，都是拥有一定相关性的，都在一定程度上反映了所研究问题的某些信息，获取的信息数据也都有一定程度的重叠。用统计学的方法研究多指标问题，如果变量和指标过多，会影响运算的结论，也会增加计算难度和工作量，在定量分析的过程中，要尽可能设计较少变量，这些变量能够提供较多信息且运算的结果也会较为可靠。一般取累计贡献率达85%以上的特征值为对应的主成分，然后计算各主成分的载荷量，最后根据特征向量和主成分载荷量计算各变量的主成分得分。因子分析法是主成分分析法的延伸，减少了评价工作量并且公共因子比主成分更容易被解释。上述两种评价方法对于指标的处理具有较大优势，并且需要苛刻的原始统计数据资料。

(2)灰色关联评价法

我国学者邓聚龙教授于 1982 年首次提出灰色系统，并建立了灰色系统理论，包括灰色关联评价方法、灰色聚类分析方法等。灰色评价的思想是根据待分析系统的各特征参数序列曲线间的几何相似或变化态势的接近程度，判断其关联程度的大小。该方法存在侧重数据样本庞大、涉及因素众多、因素相互关系错综复杂的问题。以各因素的样本数据为依据用灰色联度来描述因素间关系的强弱、大小或次序，该方法的优点在于要求样本数据小，不足在于对于数据的时间序列属性要求严格。

(3)人工神经网络法(Back Propagation)

人工神经网络是一种应用类似于大脑神经突触连接的结构进行信息处理的数学模型，这种复杂网络由于具有高度的非线性，并且由大量简单元件互相连接而成的，使其能够进行复杂的逻辑操作和非线性关系的实现。人工神经网络是处理非线性问题强有力的工具，人工神经网络算法是一种梯度下降算法，具有很强的局部搜索能力，但存在着收敛速度慢、易陷入局部极小的问题。

(4)模糊综合评价法

模糊综合评价法基于模糊数学和模糊关系的原理，通过把难以量化的因素定量化，完成综合评价的任务。模糊综合评价方法由因素集、权重集、评语集和模糊关系运算等构成，是对定性指标评价研究的较好选择，引入了模糊数据的思想，一般与德尔菲法结合使用。

(5)证据理论(Dempster–Shafer)

证据理论也称为信任函数理论，是主管概率和贝叶斯理论的推广。Shafer指出信任函数可以表示不确定性知识及其推理，并将证据融合推广到更加一般的情形。至今，证据理论较成功地应用于许多领域的不确定性信息处理，如审计分析、信息检索、信息融合、风险管理以及系统安全分析等，尤其在商业决策分析领域得到了广泛的应用。证据理论 DS 进一步发展和完善，证据合成算法 ER 就是其中之一。ER 算法是在置信评价框架和 DS 理论的基础上发展起来的，被广泛应用于安全性评价分析等方面。证据理论多与模糊集理论、粗糙集理论和神经网络结合，具有直接表达"不确定"和"不知道"的能力。该方法的优点在于能够观察不确定性内容，集成专家意见，缺点在于具有主观色彩，并且合成时计算量较大。

(6)层次分析法(Analytic Hierarchy Process)

最早由萨蒂在研究电力分配课题时提出，是一种决策分析方法。该方法的特点是通过少量的信息，将思维过程数值化，深入分析决策问题的本质及相互关系，将复杂问题简单化。该方法实质上是一种半定量方法，适合解决非数值化的决策结果问题。

由于各种评价方法的研究机理不同、方法的属性层次存在差异，适用的研究评价对象也不尽相同。几种评价方法的对比分析结果如下。

1)层次分析法要求指标的层次结构系统中的要素相互独立，否则不能应用此种方法。另外，该方法处理权重对应的指标只是一种线性关系，有一定的主观性。因此，本研究采用格栅获取法和模糊 Borda 数分析法，尽量削弱主观因素的作用。而主成分分析法和因子分析法虽然可以消除评价指标之间的相关影响，并且减少了指标选择的工作量，但对数据的苛刻性结合本书研究的内容的特殊性，该评价方法适用性较低。

2）神经网络分析法通过输入输出模式将信息传递到网络当中，这些网络会通过相应的学习算法筛选出样本的特征信息，并且通过修整不同层次之间的神经元连接权重可以将神经元间的权重保存在整个神经网络当中，经过多次训练会使神经网络趋于稳定。但神经网络分析法对于定性指标评价的优势相对模糊综合评价相比较弱，主要是因为各个评价指标的可量化指标的数量级别或者参考意义差距较大时，会给神经网络的甄别造成一定的困难，并且数据的不均匀分布也会给网络训练带来不必要的负担。

3）灰色关联评价法侧重数据的时间序列性，对数据的预测评价方面优势较大。而海洋能产业技术创新体系创新能力评价并不要求数据的时间序列性，因此该方法对本研究具有较低的适应性。证据理论多应用于决策评价方面，对创新能力的评价也不适合。

根据以上分析，本书在指标体系的构建方面选择层次分析法和 BSC 方法，在指标权重计算方面采用格栅获取法和模糊 Borda 数分析法，在运行绩效评价方面选择模糊综合评价法。

6.3.2　运行绩效评价指标权重的确定

6.3.2.1　一级指标权重的确定

评价我国海洋能产业技术创新体系运行绩效现状时，不同评价主体对同一指标的重要程度判断会存在一定的差异。因此，本研究在权重的确定上采用了格栅获取法和模糊 Borda 数分析法。这种评价方法能够突出各评价主体较关心的因素，综合了不同群体的意见，较好地反映了各指标的相对权重，是一种集定性与定量相结合的评价方法。以下将结合实例说明格栅获取法和模糊 Borda 数分析法确定一级指标权重的基本步骤。

（1）建立递阶层次结构

即把复杂的问题分解为元素，继续分解下去，直到可评价为止，最后形成一个自上而下的有支配关系的递阶层次，此步骤已在评价指标体系的建立过程中完成。

（2）格栅的建立

格栅的建立由元素和属性两部分完成，每一个元素都可以被属性的一极或者另一极描述。建立指标体系实际上已经完成格栅组成元素的确定，所以下一步的主要工作是完成属性的判断，属性可以用线性尺度来表达，评价分为 5 个档，即"最重要、重要、较重要、一般、不重要"，采用统一 5 分制。我国海洋能产业属于海洋高技术重点发展产业，科技含量高，技术发展快，从事海洋能产业技术研究的群体主要集中在政府及产业科研人员，本研究通过实地调研，拜访国家海洋局、国家海洋技术中心、中国海洋大学等海洋能产业研究较集中单位的相关专家及学者，请相关人员对各指标的重要程度进行打分，发出问卷 50 份，确认有效问卷 48 份，收回 45 份，剔除存在有明显规律、数据丢失等问题的问卷，其中有效问卷 42 份，有效问卷收回率 93.33%。整理问卷取平均数后，再结合部分专家进行头脑风暴法，最终确定每个项目的最终得分，得到完整的格栅(具体数值见表 6.2)。

表 6.2　一级指标重要程度

D_p $B_m(D_p)$	科技创新 基础能力 B1	科技创新 支撑体系 B2	科技创新资源 投入及研发 B3	科技创新成果 转化及外溢 B4
政府主管部门 的评价 P1	4	4.5	5	4
行业协会 的评价 P2	4	4	4.5	4
海洋研究专家 的评价 P3	4	4	3.5	4.5
行业从业人士 的评价 P4	4	4	4	3.5

(3)对格栅分析

设对指标 D_p 的第 m 个属性的打分为 $B_m(D_p)$(其中 $m=1,2,\cdots,M$, $p=1,2,\cdots,N$)。下面给出 Borda 分析法的基本步骤：

1)确定隶属度：在第 m 个属性评价中，求出每一个被评价指标 D_p 属于"最重要"的隶属度 U_{mp}，其计算公式为：

$$U_{mp} = \frac{B_m(D_p)}{\max[B_m(D_p)]} \qquad (6.1)$$

根据式(6.1)确定隶属度(见表 6.3)。

表 6.3　隶属度计算值

$B_m(D_p)$ ＼ D_p	B1	B2	B3	B4
P1	0.8	0.9	1	0.8
P2	0.8	0.8	0.9	0.8
P3	0.8	0.8	0.7	0.9
P4	0.8	0.8	0.8	0.7

2）作模糊频数统计表：

模糊频数 f_{hp}

$$f_{hp} = \sum_{m=1}^{M} \delta_m^h(D_p) U_{mp}$$

$$R_p = \sum_h f_{hp} \qquad (6.2)$$

式中，若 D_p 在第 m 个属性优序关系排序在第 h 位，$\delta_m^h(Dp)=1$；否则，$\delta_m^h(D_p)=0$；若两个指标 D_i 和 D_j 在第 m 个属性中 U_{mp} 相同，即在优序关系中同时排在第 h 位，则 $\delta_m^h(D_i)=\delta_m^{h+1}(D_j)=\dfrac{1}{2}$；若 3 个指标 D_i、D_j、D_k 在第 m 个属性优序关系中同时排在第 h 位，则 $\delta_m^h(D_i)=\delta_m^{h+1}(D_j)=\delta_m^{h+2}(D_k)=\dfrac{1}{3}$；其余依次类推。根据式（6.2）计算模糊频数统计表（见表 6.4）。

表 6.4　模糊频数统计

名次 ＼ D_p	B1	B2	B3	B4
1	0.33	0.27	2.33	0.9
2	0.93	1.83	0.27	0.27
3	1.33	0.93	0.27	0.67
4	0.4	0	0.7	1.37
R_p	2.99	3.03	3.57	3.21

3）计算模糊 Borda 数 $FB(D_p)$：

若规定被评价指标 D_p 在优序关系中排第 h 位的权数为 Q_h，令：

$$Q_h = \frac{1}{2}(N-h)(N-h+1)$$

则：

$$FB(D_p) = \sum_h \frac{f_{hp}}{R_p} Q_h = \sum_h W_{hp} Q_h \tag{6.3}$$

计算可得：$FB(D_1) = 2.04$；$FB(D_2) = 2.65$；$FB(D_3) = 4.22$；$FB(D_4) = 0.63$。

4) 归一化处理，得到单一准则下的相对权重为：

$$W_P' = \frac{FB(D_P)}{\sum_{P=1}^{N} FB(D_P)} \tag{6.4}$$

计算结果分别为：$W_1' = 0.22$；$W_2' = 0.28$；$W_3' = 0.44$；$W_4' = 0.06$。

将上述结果再次反馈给专家，经过专家讨论，征求专家意见，得到大多数专家的认可，最终确定上述权重系数。

6.3.2.2　二级指标权重的确定

对二级指标权重的确定，本书大部分也采用格栅获取和 Borda 数分析法，但也有相当一部分指标采用的是专家直接赋权法。这部分指标包括科技创新外部支撑体系下的所有指标、海洋科技政策与战略及科技创新成果转化及外溢下的所有指标。这些指标是底层指标，由于这些指标分得较细，对各评价主体而言，其重要程度对上层指标的作用是一致的，再采用格栅获取和 Borda 数分析法计算各个指标的相对权重不能够充分体现各指标的差异性。因此，要从模糊的思维中提取出较为精确的量化概念。本研究请专家直接赋权，经专家头脑风暴法后得出海洋能产业技术创新体系运行绩效评价指标权重表（见表6.5）。

表6.5　海洋能产业技术创新体系运行绩效评价指标权重表

一级指标	权重	二级指标	权重 相对	权重 组合
科技创新基础能力 B1	0.22	科研单位数量年增长率 B11	0.28	0.061 6
		科研从业人员年增长率 B12	0.35	0.077 0
		海洋科技论文年增长率 B13	0.11	0.024 2
		海洋科技专利年增长率 B14	0.11	0.024 2
		海洋科技政策与战略实施力度 B15	0.15	0.033 0

续表

一级指标	权重	二级指标	权重	
			相对	组合
科技创新支撑体系 B2	0.28	海洋能产业经济政策环境完善程度 B21	0.48	0.134 4
		海洋能产业科技服务环境强度 B22	0.25	0.070 0
		海洋能产业金融支撑体系支持力度 B23	0.27	0.075 6
科技创新资源 投入及研发 B3	0.44	海洋 R&D 投入强度 B31	0.31	0.136 4
		产业全员劳动生产率 B32	0.15	0.066 0
		技术引进与消化吸收比重 B33	0.18	0.079 2
		高科技产业密度 B34	0.16	0.070 4
		海洋科技创新研发主体产学研合作 B35	0.20	0.088 0
科技创新成果 转化及外溢 B4	0.06	产业技术内部波及效应 B41	0.35	0.021 0
		产业技术外溢效应 B42	0.32	0.019 2
		产业技术进步贡献率 B43	0.33	0.019 8

6.4　运行绩效评价结果计算及分析

德尔菲法综合专家评分的公式如下：

$$G_{ij} = 100f_{iA} + 80f_{iB} + 60f_{iC} + 40f_{iD} + 20f_{iE} \tag{6.5}$$

式中，$f_{ij} = \dfrac{R_j}{S}$，S 为参加评分的专家总人数；R_j 为在 j 标准上评分人数；G_{ij} 为底层指标 ij 的得分值。

结合表 6.5，采用线性加权和法将各指标分值进行综合，得出我国海洋能产业技术创新体系运行绩效最终的综合总评得分：

$$F_{总分} = \sum_{i=1}^{m} \sum_{j=1}^{n} G_{ij} W_{ij} \qquad (1 \leqslant i \leqslant m, 1 \leqslant j \leqslant n) \tag{6.6}$$

式中，$F_{总分}$ 为我国海洋能产业技术创新体系运行绩效的综合总评得分；G_{ij} 为海洋能产业技术创新体系科技创新能力状况的底层指标分值；W_{ij} 为第 ij 条指标的组合权重。

然后，根据评价的总评得分，按照"优秀、良好、中等、一般、较差"五个等级划分我国海洋能产业技术创新体系运行绩效状况标准(见表 6.6)。

表6.6 我国海洋能产业技术创新体系运行绩效状况评价等级划分标准

等级	优秀	良好	中等	一般	较差
总评分	90~100	80~89	70~79	60~69	60分以下

最后,通过实地专家访谈的方式,多次与我国海洋能研究领域权威专家及学者进行探讨,将以上运算过程和最终权重完全透明地交予专家进行磋商,由于我国海洋能产业目前尚未有成熟的统计资料。因此,该方法是目前海洋能产业技术创新体系运行绩效评价领域较合理、较成熟的研究方法。在式(6.6)的基础上,再次邀请领域内的50位专家通过专家头脑风暴法对16项指标进行打分,在已经得到的权重基础上,代入公式 $F_{总分} = \sum_{i=1}^{m} \sum_{j=1}^{n} G_{ij} W_{ij}$ 中,经计算最终得到 $F_{总分}$ 为75.25分。说明我国海洋能产业技术创新体系运行绩效目前处于中等阶段,产业技术创新能力尚有较大的发展空间。主要原因在于我国海洋能产业技术研究起步较晚,自主创新能力尚处于摸索发展阶段,目前的技术研究多集中于"模仿—消化—吸收—再创新"阶段,虽然创新主体子系统资源在不断扩充,研究人员队伍在不断扩大,但是技术发展需要一定时间的积累,优秀科技人员的培养不容松懈。创新支撑子系统需要政府、行业、产业及社会、个人的全方位支持,运行机制子系统将创新主体子系统与创新支撑子系统有效地结合起来,使我国海洋能产业技术创新体系有机运行。

目前的研究结果显示(见表6.5):科技创新资源投入及研发能力对我国海洋能产业技术创新体系运行绩效的贡献程度最大,其次是科技创新支撑能力,最后是转化及成果外溢能力。科技创新资源投入及研发能力指标下海洋R&D投入强度为0.31,产学研合作为0.20,以上两项指标对海洋能产业技术创新体系的运行绩效贡献率超过50%,说明我国目前已经重视到技术研发对产业技术创新体系可持续发展的重要性,我国海洋能产业技术创新体系主体子系统的研究也证实了这一结果。科技创新支撑能力中产业经济政策环境完善程度对我国海洋能产业技术创新活动的贡献程度最大为0.48,这与我国政府2010年以来设立海洋能专项资金、出台各种产业发展扶持政策、给予各种产业发展补贴与优惠等行动相呼应,我国海洋能产业技术创新体系支撑子系统的研究给予了充分的解释。科技创新基础能力维度中科研从业人员年增长率对产业技术创新体系的贡献程度为0.35,与科研单位总数一并对我国海洋能产业技术创新体系技术创新起到了关键作用，在我国海洋能产业技术创新体系内表现为大学、科研机构和企业科研人员，是产学研合作的基础。科技成果转化及外溢能力与其他维度相比，对产业技术创新体系运行绩效的贡献程度较低，说明我国政府和科研人员对科技成果转化的认识程度不高，科技转化成果的商业运转实现率相对较低，也是我国海洋能产业技术创新体系运行效率有待提高的关键环节。

第7章 我国海洋可再生能源发展战略目标与重点

7.1 战略的指导思想和基本原则

7.1.1 战略指导思想

战略是一种思想或者思维方式，其内容和形式随着内外环境的变化而不断地变化发展，但作为战略指导思想应具有相对稳定性。战略指导思想是指导战略规划的制定和实施的基本思路与观念，是整个战略谋划的灵魂。它包括战略理论、战略分析、战略判断、战略推理，直至形成战略思想、战略方针，是贯穿战略管理始终的战略思维过程，战略思想对确定战略目标、寻找战略重点和采取战略措施具有十分重要的意义。我国海洋能产业发展的总体指导思想以科学发展观为指导，认真贯彻《中华人民共和国可再生能源法》，以政府为主导，以企业为主体，坚持"统筹规划、分步发展、科技创新、政策激励"的原则，加快海洋可再生能源大规模开发利用，构建海洋可再生能源产业体系，实现"海洋可再生能源成为海岛主要能源、沿海地区替代能源"的目标。

在总体思想指导下应贯彻"四个坚持"：①我国海洋能战略应坚持开发利用与经济、社会和环境相协调。海洋能的发展既要重视规模化开发利用，不断提高海洋能在能源供应中的比重，要重视海洋能对解决海岛海疆能源问题、发展循环经济和建设资源节约型、环境友好型社会的作用，更要重视与环境和生态保护的协调。②要根据资源条件和经济社会发展需要，在保护环境和生态系统的前提下，科学规划，因地制宜，合理布局，有序开发。③应坚持市场开发与产业发展互相促进。对海洋能资源，在加大技术开发投入力度的同时，采取必要措施扩大市场需求，以持续稳定的市场需求为海洋能产业的发展创造有利条件。建立以自我创新为主的海洋能技术开发和产业发展体系，加快海洋能技术进步，提高设备制造能力，并通过持续的规模化发展提高海洋能的市场竞争力，为海洋能的大规模发展奠定基础。④应坚持近期开发利用与长期技术储备相结合。应坚持政策激励与市场机制相结合。国家通过经济激励政策支持采用海洋能技术解决沿海某些地区及海岛的能源短缺和无电问题，发展循环经济。同时，国家建立促进海洋能发展的市场机制，运用市场化手段调动投资者的积极性，提高海洋能的技术水平，推进海洋能产业化发展，不断提高海洋能的竞争力，使海洋能在国家政策的支持下得到更大规模的发展。因此海洋能开发战略必须体现全局观念、长远观念和系统化观念。

(1) 全局观念

我国海洋可再生能源产业发展以促进海洋能事业发展为宗旨、以提高产业竞争力为目的而展开着各项生产经营及科研活动。其生存和发展由多方面因素影响和决定，在繁杂众多的因素中确立产业的目标和方向，需要全局最优化而非局部地考虑问题，并且要有长远和发展的观念。它所提出的战略应反映海洋能行业整体发展的总任务和总要求。它所规定的是整体发展的根本方向。必须以全局战略为根本和最终的需要，适当地忽视和放弃局部和暂时的利益。

(2) 长远观念

战略行动不仅仅是追求既得的短期利益，更重要的是着眼于未来的长期回报情况。因此，在进行海洋能产业战略资源获取和能力培养上，就要放弃短期利润，巩固发展产业核心竞争力。战略为海洋能产业的未来发展指明方向，采取任何可能行动，都要考虑对长期发展是否有利。用长远的战略思维，使产业在未来的竞争中处于优势地位。

(3) 系统化观念

产业发展战略就是研究产业发展中带全局性的规律性的东西，是指从产业发展的全局出发，分析构成产业发展全局的各个局部、因素之间的关系，找出影响并决定经济全局发展的局部或因素，而相应做出的筹划和决策。包括区域功能定位、产业战略定位、产业发展策略、重点项目策划和规划实施方案。产业规划的研究，必须对区域整体发展战略有准确的把握。区域功能定位主要指根据规划区以前所作的相关规划或者政府工作计划进行深入分析、研究，确定规划区的区域功能定位、区域功能布局等，作为产业规划方案制定最直接的依据。产业战略定位，主要基于区域功能定位的总体结论性意见，确定重点发展的海洋能产业门类、产业布局及产业目标，描绘规划区的产业蓝图。产业战略定位解决的是产业发展的方向和目标的问题，而产业发展策略关注的是，为达到既定的海洋能产业发展目标所应采取的发展策略和产业政策，为各产业职能部门提供最直接的工作方向和思路。重点项目策划部分主要从行政区属的角度，进行落地的海洋能产业项目策划。规划实施方案是实现产业发展规划的计划和路径，主要是推动海洋能产业按照产业目标向前发展的一系列对策、措施的集合。战略制定涉及众多因素，彼此相互影响，因而必须坚持系统化的观念。

7.1.2 海洋能战略遵循的原则

(1)坚持统筹规划的原则

根据海洋能资源条件和沿海经济社会发展的需要，结合海洋可再生能源特点，因地制宜、统筹规划、合理布局，有序发展。在发展定位上，近期，海洋可再生能源应能为沿海及海岛社会经济发展提供补充(辅助)能源；中长期，海洋可再生能源应在海洋资源开发的能源供给中占据重要地位。在发展区域上，应先沿海，后近海，再远海。在开发规模上，应从小型到中型，从单体到群体，最后达到大型和规模化开发。

(2)坚持有序发展的原则

海洋产业属于新兴战略性产业，其特点是：①没有显性需求，产业处于朦胧当中，或者是在超前的 5 年时间当中，不能精确描述。②没有定型的设备、技术、产品以及服务。③没有参照标准，靠的完全是系统创新。④政策灰色区。产业有产业政策，包括贷款、科技投入、资金扶持等，而新兴产业则要忍耐相当长一段时间才会出台激励政策。⑤没有成熟的上游产业链。基于此，在产业发展初期，我国海洋可再生能源技术及其产业发展要实行分阶段有序发展。第一步，到 2015 年("十二五"期间)，是政府主导下的技术研发和技术储备及成熟度培育期，科研机构和大学是重点资助对象，吸收企业介入海洋可再生能源开发利用装备的早期研发。第二步，到 2020 年("十三五"期间)，是政府支持下的产学研相结合的科技成果转化期，主要进行大规模工程示范，带动技术成果转化和市场培育。重点是装备的设计与制造，企业成为资助的重点。第三步，到 2030 年，主要进行以企业为主导的技术产业化发展，通过实施特殊激励政策，电价补贴，特许权招标，实现规模化开发利用，产业规模不断扩大，重点是促进商品化和规模化。

（3）坚持科技先导的原则

产业技术创新是指以市场为导向，以企业技术创新为基础，以提高产业竞争力为目标，以技术创新在企业与企业、产业与产业之间的扩散为重点过程的从新产品或新工艺设想的产生，经过技术的开发（或引进、消化吸收）、生产、商业化到产业化整个过程一系列活动的总和。产业技术创新具有系统性的特点，需要相关企业协同创新，产业技术创新需要以某些骨干企业为核心，联合产业内外相关支持企业共同参与，协同地进行新技术的研制和开发。海洋能产品技术与生产技术是相互联系的整体，设计完美的产品技术离开了生产技术就只能是潜在的技术。产业技术发展必须是产品技术和生产技术齐头并进，平衡发展。海洋能产业技术创新是各种创新手段如自主创新、模仿创新、合作创新等综合运用的过程。由于创新方式和模式各有侧重，因此，并不是单一的一种创新模式。海洋能产业技术创新是产业共性技术开发、扩散及个性化过程。因此，在海洋能产业发展中，要瞄准世界海洋可再生能源科技发展前沿，以科技创新为动力，加大技术开发投入力度，提高海洋可再生能源开发利用自主创新能力。采取产学研相结合的方式，重点研发海洋可再生能源开发利用核心技术和装备。以需求为牵引，以企业为主体，重点建设海洋可再生能源多能互补发电站，加强海洋可再生能源装备开发，着力解决边远海岛用电和用水不足的问题，缓解沿海地区用电紧张的局面。

（4）坚持政策激励与市场导向相结合原则

按照产业集群发展规律，充分发挥市场对资源配置的基础作用，进一步确立企业在发展产业集群中的主体地位，转变政府职能，强化公共服务，规范市场秩序，营造良好环境。海洋能产业发展初期，人们对其认识不足，投资风险较大，未来具有不确定性，因而要制定海洋可再生能源开发利用经济激励政策，实行优惠的财税、投资政策，鼓励生产与消费海洋可再生能源，吸引私人和民营资本投入。建立促进海洋可再生能源发展的市场机制，运用市场化手段调动投资者积极性，推进海洋可再生能源向产业化发展，不断提高竞争力，使海洋可再生能源开发利用在国家政策的支持下得到更大规模的可持续发展。

（5）自主研发与国际合作结合的原则

我国海洋能关键核心技术的掌握在国际上处于二流水平，提升我国自主发展能力与核心竞争力是海洋能产业发展的关键。要顺应经济全球化的特点和要求,深度开展国际合作与交流,积极探索合作新模式,大力推进国际科技合作与交流。发挥各种合作机制的作用,多层次、多渠道、多方式推进国际科技合作与交流。鼓励境外企业和科研机构在我国设立研发机构,支持符合条件的外商投资企业与内资企业、研究机构合作申请国家海洋能科技科研项目。鼓励外资在境内开展联合研发和设立研发机构,鼓励我国企业和研发机构参与国际海洋能标准的制定,共同形成海洋能国际标准。

切实提高国际投融资合作的质量和水平。完善外商投资产业指导目录,鼓励外商设立创业投资企业,引导外资投向海洋能战略性新兴产业。支持有条件的企业开展境外投资,制定产业导向目录,为企业开展跨国投资提供指导。大力支持企业跨国经营。完善出口信贷、保险等政策,结合对外援助等积极支持战略性新兴产业领域的重点产品、技术和服务,开拓国际市场以及自主知识产权技术标准在海外推广应用。支持企业通过境外注册商标、境外收购等方式,培育国际化品牌。加强企业和产品国际认证合作。

7.2 海洋可再生能源发展的战略目标与任务

7.2.1 总目标

我国海洋能产业的总目标是在强化政策激励和市场引导下,以需求牵引技术攻关,争取到 2030 年,全面掌握海洋可再生能资源开发利用的关键技术,并实现商业化和规模化,形成比较完善的能源开发和技术装备开发生产体系和服务体系,逐步实现偏远海岛清洁能源供电,满足海岛社会发展的需要;近岸海洋经济发达区域清洁能源作为重要补充能源,促进近岸海洋经济发展。总装机容量达到 $1\,500 \times 10^4$ kW。

7.2.2 阶段目标

(1)"十二五"(2011—2015 年)

发挥专项资金的作用,在政府引导下,培育以企业为主体的海洋可再生能源技术创新体系。到 2015 年,完成近海海洋可再生能源资源重点区域的详查和评估;突破近岸百千瓦级波浪能、潮流能发电关键技术,研建一批多能互补示范电站,开展兆瓦级潮流能和波浪能电站的并网示范运行;发展环境友好型潮汐电站关键技术，开工建设万千瓦级潮汐能电站；开展温差能发电装置研发，离岸风电技术实现产业化。总装机容量达到 60×10^4 kW。

发挥政府的作用，开展特许权招投标、配额制、电价、制造补贴等政策研究；完善海洋能公共支撑平台，开展海洋能开发利用综合试验测试场的建设。

(2)"十三五"(2016—2020 年)

持续发挥专项资金的作用，在政府引导下，形成以企业为主体的海洋可再生能源技术创新体系。到 2020 年，开展深远海海洋可再生能源资源的普查和评估；实现近岸百千瓦级波浪能和潮流能发电装置的产业化和海洋风电规模化生产；建设千千瓦级的波浪能、潮流能发电场；海岛多能互补电站可靠运行；实现 10 万千瓦潮汐、潮流发电及百万千瓦海上风电的并网；建成百千瓦级潮流能、波浪能发电装置海上试验场。总装机容量达到 110×10^4 kW。

形成一批海洋可再生能源专业化公司或企业，海洋能产业初具规模，完善海洋能公共服务体系。完成特许权、配额、电价、制造补贴等政策的研究和制定工作。

(3)远景展望(2030 年)

到 2030 年，使海洋可再生能源在新增能源系统中占有一定的地位，成为能源供应体系中的补充能源之一。初步解决有人居住海岛的用电，使海洋可再生能源并网达到 100×10^4 kW，离岸风电并网 $1\,000 \times 10^4$ kW，完成 5 个温差能海上试验电站的研建。总装机容量超过 $1\,100 \times 10^4$ kW。

海洋能发电装置产品规模化生产，海洋能电站商业化运行，海洋能开发利用法律法规形成体系。

7.2.3　阶段重点任务

(1)"十二五"(2011—2015 年)

1)继续开展海洋能资源勘查：在我国海洋能资源普查基础上，选择海洋能资源富集区作为重点开发区，查清重点开发利用区的海洋能资源的蕴藏状况和时空分布规律，作为海洋能开发利用的备选海域。

2)加速海洋能技术研发：重点突破环境友好型、低水头潮汐发电技术，形成示范运用能力；突破离岸式海上风机生产技术，形成产业规模，并投入大规模商业运用；开展百千瓦级新型波浪能发电装置研制，突破波浪能装置的海上生存能力技术；开展 500 千瓦级水平轴潮流能发电系统研制；开展温差能综合利用技术研究，为现场示范试验做好技术准备。加强海洋生物质能规模化自养及固碳放大技术的探索与研究。

3）开展海洋能开发利用示范工程：海岛多能互补独立电站示范。为解决我国缺电岛屿的电力供给问题，"十二五"期间，选择有淡水需求、海洋能资源丰富的海岛，和当地政府合作，建设并开展潮汐能、潮流能、波浪能、风能、太阳能等多能互补独立电站的示范运行，探索独立电站的建设及运行管理模式，完成 10 个示范电站建设工作。

4）建设并网示范电站：在潮流能、波浪能资源丰富地区建设潮流能电站并进行并网运行示范。在山东、浙江、福建、海南等潮地，建设 6 个并网示范电站。启动万千瓦级潮汐能电站建设，优先支持已有一定工作基础的八尺门、健跳港、乳山口、黄墩港等优良潮汐能站址的潮汐能电站建设项目，在浙江、福建等潮汐能资源丰富地区，启动 2 个万千瓦级潮汐能电站建设工作。加快公共支撑平台建设，围绕提升海洋能开发利用公共服务能力的迫切需求，开展支撑服务体系建设，建立海洋能装置评估检测中心；依托与中国海洋工程咨询协会，成立中国海洋能行业协会，为我国海洋能从业机构企业提供信息交流，技术培训，技术支持等服务，推动建立以企业为主体的海洋能技术创新体系。

5）开展政策支持及保障措施制定：围绕推动我国海洋能行业发展及产业形成，开展海洋能特许权招标、配额制度、电价补贴、引导资金等激励保障政策的研究及制定，更好地发挥政府引导作用。

(2)"十三五"（2016—2020 年）

1）完成我国海洋能资源勘查：完成我国近海海洋可再生能源的详细调查、评估、选划研究，确定各海洋能要素资源优先开发利用区域，形成我国近海海洋能资源开发利用信息服务平台；开展深远海海洋能资源调查与评估。

2）推动海洋能开发利用技术实现产业化：在"十三五"期间，重点推动百千瓦级海洋能发电装置产业化生产，基本突破近岸海洋能开发利用技术。

3）进一步推动海洋能开发利用示范工程。

海岛多能互补独立电站示范：继续开展海岛多能互补独立电站示范工程建设；继续完成 20 个海岛多能互补独立电站。

建设并网示范电站：开展兆瓦级波浪能、潮流能发电站场建设，大规模开展海上风电并网工程建设，建设 100 万千瓦海上风力发电场。完成万千瓦级潮汐能电站建设：2 个万千瓦级潮汐能电站建设工作，并网发电。

4）继续加强公共支撑平台建设：围绕加强我国公共支撑平台建设的要求，完成我国近岸海洋能海上试验场建设，并投入商业化运营；壮大我国海洋能研发团队，我国海洋能专业技术人才缺乏的局面得到彻底改观。以核心装备技术为支撑，培育一批具有一定研发及生产能源的海洋能专业公司，并以企业为龙头，促进海洋能战略性产业联盟，按照地域及行业优势，结合我国海洋能技术发展现状，推进产业化进程，逐步形成海洋能研发、制造、转化、施工、管理的产业联盟。我国海洋能产业初具规模。培育海洋能开发利用技术转化应用产业链：通过科研、实验、试验示范、定型、中试、成果转移、工程、产业运作，建立国家海洋能技术产业化培育基地。

我国海洋能开发利用总体规划的重点任务是：加强基础研究，建立海洋能开发利用技术国家重点实验室；设立专项资金，国家投入支持关键技术攻关；建立海洋能开发利用标准体系；建立国家海洋能电站综合检测中心；多种融资方式，建立国家海洋能技术产业化培育基地；发挥综合管理职能，建立海洋能开发利用管理协调机构。

第8章　促进我国海洋能产业发展对策

8.1　加大政府科技创新投入

国家和地方政府对产业发展起到了统筹兼顾的作用，我国海洋能产业作为战略性新兴产业，为使其有效发展，必须充分调动国家和地方政府多方面的积极性，建立起以国家和地方政府资金扶持为引导、技术创新单位自筹为主体、金融和社会融资等多元化科技投入渠道，为我国海洋能产业技术创新活动提供良好的资金环境。第6章表6.5研究结果显示，目前我国海洋能技术创新R&D投入强度为0.31，虽在整个技术创新体系内发挥了一定的作用，但为了实现我国海洋能产业技术创新体系获得更高的运行绩效，国家和地方政府仍需加大投入。

一方面，国家应重视科技创新对海洋能产业发展的重要性，认识到科技投入对技术创新活动的支撑作用，对大学、科研机构和技术性企业给予一定比例的财政科研资金支持，加强海洋能产业基础公共设施建设和科研机构建设，有计划地扶持国家重点项目和重大攻关项目及专项科技计划，努力为科研领域的专业人才提供技术创新空间，解决资金困扰；另一方面，大学、科研机构和企业应通过自身努力，积极申报国家和区域重点项目、国家攻关项目、重大项目、重点新产品及新专利项目，努力争取国家对海洋能技术创新各类项目的经费支持。国际上政府重视技术创新投入的例子并不罕见。例如，苏格兰政府2008年专门设立的"蓝十字奖"；美国联邦政府2008年起开始明显加大投入力度，为可再生能源技术提供研发补贴，特别是针对计划持续时间长、规模大、综合性强的项目；英国和新西兰也已经开始实施"供应推动"机制，为可再生能源发电装置的采用提供资金补贴。我国海洋能相关技术还处于发展初期阶段，政府支持对技术发展和计划实施至关重要。

地方政府应因地制宜，根据各省（区）海洋资源和海洋产业发展情况，对大学、科研机构和技术性企业给予一定的财政补贴和资金支持，特别是沿海城市，应认真贯彻落实国家和地方政府有关科技创新投入的各项政策，保证科技创新投入逐年稳步增长，并确保科技创新投入增长百分比高于经常性财政收入增长百分比，有条件的沿海城市可以效仿国家海洋局设立"海洋能专项资金"支持海洋能产业发展的举措，根据各省市情况设立"海洋能技术创新专项资金"，合理分配资金用途，重点支持与海洋能产业发展及海洋能技术创新有关的项目及计划。当然，地方政府应充分考虑我国海洋能产业技术创新活动的特点，即：高风险、高投入、周期长，建立技术创新风险防范体系，对资金使用情况进行监督：①要根据项目的进展情况，对资金实施事前、事中、事后跟踪；②要建立面向结果的海洋经费使用效率评价体系，对资金的投入及所带来的产出情况进行对比分析，明确海洋专项项目的绩效目标。

8.2　加强产学研技术创新平台建设

在知识时代技术突飞猛进的大环境下，我国海洋能产业作为高技术、高知识密集型产业在科研工作中面临的技术问题日益增多，需要突破的技术障碍越来越复杂，技术的综合性和集成性也越来越高，单凭一个单位的科研力量进行技术创新显得力不从心。实际调查研究显示，2010 年海洋能专项资金成立以来，几乎所有的科研项目都是大学、科研机构、企业三者之间的相互合作，共同完成技术的新发明、新专利。本书第 3 章关于我国海洋能产业技术创新体系创新主体子系统研究结果表明，加强产学研合作，实行强强联合，达成优势互补，是目前我国海洋能产业的最优发展模式，且第 6 章实证分析结果显示：产学研合作研发对海洋能产业技术创新体系运行绩效的贡献率为0.20，比重较大。因此，强化建设我国海洋能产业技术创新体系内产学研技术创新平台是提高技术创新体系创新能力的重要方式，也是提高创新系统运行绩效的必然选择。

目前，参与海洋能产业技术创新活动的科研机构大约有 20 家，以中国科学院广州能源研究所为代表；大学大约有 40 家，211 重点建设大学约占50%，以中国海洋大学、哈尔滨工程大学为代表；企业大约有 15 家，从第 3章产学研创新网络图谱评价显示结果来看，企业参与科研的力量相对较弱，在产学研合作图谱中各企业参与科研情况几乎相同，没有特别突出的企业。实证分析结果显示，目前我国海洋能产业技术创新体系技术研发以大学和科研机构为主体，企业为依托。而美国、日本、丹麦、英国等国际海洋大国实施海洋高科技创新的实践证明，产学研结合是以技术型企业为主体、大学和科研机构为依托的发展模式。国际成功经验表明，我国实施海洋科技兴国战略，大力发展海洋能产业，必须切实重视海洋能产业内产学研合作创新技术发展模式的重要性，通过制定与海洋能产业发展相配套的产业及技术发展政策、法律法规，建立及完善与市场紧密相连的产学研技术创新运行机制，积极推进以大学、科研机构和企业为创新主体的强强联合和多方位联合的产学研合作创新模式，整合产业内技术资源，逐步强化产学研合作创新平台建设，为产学研技术攻关提供坚固的基础条件。在全国范围内，以山东省、辽宁省、广东省等海洋资源丰富省为重点发展对象，努力打造国家级重点实验室和工程技术研究中心，辅之省级重点实验室和工程技术研究中心，大力扶植技术型企业建立企业技术研究中心，鼓励有条件的大学和科研机构及企业建设高水平的技术研发实验室和工程试验中心，积极申报国家级重大项目、关键性项目，通过产学研技术创新平台对关键性技术、基础研究和共性技术进行系统化、工程化和配套化研究，成为我国海洋能产业技术创新坚实的后备力量，保障整个海洋能产业技术创新体系有效运行，进而提高系统的运行绩效，增强产业核心竞争力。

8.3　增强创新主体单位技术创新能力

8.3.1　加大创新主体单位的科技投入

（1）人力投入

人力投入是技术创新单位增强自身科技力量的基础。目前，全国设立海洋相关学科的大学可以通过每年全国统考录取优秀的大学生，在学习期间加强学生的专业知识，提高学生的专业素质，为社会输送优秀科研人才，例如，哈尔滨工程大学船舶工程学院，每年以高分数线和严格的面试录取优秀的大学生，满足社会对海洋、船舶人才的需求；科研机构和企业相应地以优越的条件吸引科技人员到本单位工作，条件允许的单位还可以通过一定的物质条件吸纳海内外海洋能领域的专家和学者加盟本单位，从科研人员素质和水平上提高单位的技术创新实力。对于一些在资金实力或其他方面不具备大规模引进人才的单位，也可以通过产学研合作，采用"借人"的方式增强单位的创新人才投入。

(2) 资金投入

除通过政府支出和金融政策支持外，技术创新单位自身的科研投入是其技术创新的重要资金途径。大学、科研机构和技术性企业每年应使创新资金在整个资金使用额度中保持一定的比例，即使是在资金紧张的情况下，也要优先保障对技术创新资金的供给。在技术创新成果得到转化获得相应收益之后，技术创新单位要根据创新收益占整体收益的比重，不断加大对创新资金的投入力度，为研发人员提供越来越雄厚的资金保障，以增强我国海洋能产业创新单位的技术创新能力，进而提升产业的运行绩效。

8.3.2　强化创新主体单位信息获取能力

我国海洋能产业目前总体上正从研发阶段向前发展，这就要参考电力、海洋工程、海上作业等已有产业的模式和经验，通过信息资源的流动，以推动产业的更好发展。以我国海洋能产业发展的实际情况来看，产业技术创新工作中，信息能力较弱，可以通过以下措施增强创新主体单位信息获取能力。

(1) 设立信息机构

技术创新单位可以通过设立专门的信息机构，获取技术创新工作中所需要的信息资源，力争对创新情报做到收集有源、传递有序、查询有据、利用有渠。除利用国家或地方图书情报和网络机构外，技术单位设立的信息机构由专业人员构成，包括技术人员、产品开发人员、市场营销人员、领导者等兼职组成，共同负责单位的技术创新情报工作。有条件的单位可以设立信息主管，从创新资金中划出情报信息专项经费，加大信息资金投入力度，改善信息工作人员的工作条件，并且定期给予一定的物质或精神奖励。

(2) 加强信息资源电子化建设

信息机构设立之后，工作人员对信息的搜集、加工、整理是一项非常巨大的工作，在知识经济时代，效率就是金钱，必须合理采用现代化手段或工具进行信息搜集加工。信息处理软件是目前信息工作中必不可少的工具。每个技术创新单位根据自身情况，对信息处理的工具也不尽相同。以哈尔滨工程大学为例，常用的信息处理软件包括 SPSS、UCINET、Eviews 等。除信息软件外，信息网络建设及数据库建设也是单位信息工作的重点，世界电子网络系统连接了庞大的公共以及个人多方位信息资源，包括数字化资料、图书、学术期刊、硕博论文、国内外会议等资源，构成全球数字图书馆。国际能源署 IEA 建议各成员在各国海洋能实验中心联合成立网络化的国际性机构，其成员包括全球第一家海洋能实验中心——位于苏格兰的欧洲海洋能源中心 EMEC，该网络结构的设立是为了促进全球网络形成，推动信息流发展，清除发展障碍，加快海洋能产业发展，加速技术创新成果转化的全球共享。

8.4 完善创新主体单位内部激励机制

根据著名管理学大师马斯洛的观点，有效的企业内部激励制度是企业得以长期可持续发展的重要动力。同理，完善创新主体单位内部激励机制是我国海洋能产业技术创新体系持续创新的关键所在。根据第 3 章我国海洋能产业技术创新体系主体子系统产学研创新合作网络图谱评价分析，我国海洋能产业技术创新体系内大学、科研机构和企业创新能力呈现差异，主要力量集中在大学和科研机构，企业科技创新力量相对较弱，除外部因素对创新能力的影响之外，创新主体单位内部激励机制对技术创新活动也具有重要的影响。具体表现如下。

8.4.1 实现多种形式的物质激励

根据马斯洛的需求层次理论，生理需求是人们最原始、最基本的需求。大学、科研机构和企业的科研人员在从事日常工作得到相应报酬之外，对技术创新活动的追求正是对创新收益的映射。报酬虽不是最重要的激励因素，但却是最重要的保障因素。大学、科研机构和企业的技术研发人员，都是高知识优秀人才，要想使其脑中的隐性知识最大化地变成对技术创新活动有价值的显性知识，物质激励手段应考虑其特殊性，概括起来有以下几种方式。

(1) 报酬激励

按照"按劳分配，多劳多得"的原则，在实际研发工作中，根据参与科研人员智力投入多少和对项目贡献程度大小分配报酬，拉开创新人员的实际收入水平，高收入科研人员会因收入较多而更加努力，低收入科研人员会因贡献较弱产生内疚心理开始认真工作，各科研单位通过一定的报酬激励得到科技人才的更多智力投入，真正实现按科研人员智力投入多少获得收益。

（2）绩效奖励

绩效奖励包括一次性奖励和技术成果提成奖励。主要是为了鼓励科技人员积极参与科研项目工作，自愿并踊跃为技术创新提供新想法、新思路，科研单位在项目开展之初可以以书面文件或口头阐述方式给予参与人员一定的物质承诺，可以根据技术创新项目的后期商业化价值设定一定的金额，完成技术创新行为时一次性支付给创新人员，也可以按照项目价值分配给参与技术人员一定的提成比例，项目完成时按比例获得收益。一般来讲，技术成果提成奖励对技术人才的激励作用要大于一次性奖励，科技人员在实验过程中会付出比平时更多的努力和钻研去挖掘项目，使其实现最大化价值，从而获得更多的提成奖励。

（3）创新成果奖励股

该激励方式相对于报酬奖励和绩效奖励更具有持久性，是科研单位为长期拥有一定的技术优秀人才而设定的奖励方式。通过考核科技人才在单位每年项目参与中的积极性和贡献程度，分配给对创新单位有重大科技贡献的科研人才一定的无形资产，即以股票的方式，或将其科技创新成果折合成价值，根据科研单位的总价值给予一定的股份，创新成果奖励股实现了对创新单位技术骨干的持续性奖励，使科技人才自愿、积极地为单位贡献科技力量。

当然，大学、科研机构和企业在对技术人才实施物质奖励的同时，要严格遵循一定的原则：首先，物质激励是长期的，而不是短暂、暂时的，应与其他激励制度相结合，建立一套科学、合理、统一、长期的物质激励制度，努力营造一种有利于创新的技术研发氛围，在合理分配奖励资源的基础上，使科技人才尽量提高其创新效率，为创新主体创造更多的效益；其次，物质奖励一定要杜绝"平均化"，一定要实现科技人才物质奖励的差异性，一方面可以避免优秀科技人才的不公平心理，另一方面可以端正研发人员的工作态度。吕振永通过对某企业实证研究发现，物质奖励与工作态度的相关性高达80%，说明工作态度对工作绩效的重要性。

8.4.2　实现多种方式的精神激励

当人的生理需求得到满足以后，物质激励已不是激励员工的重要力量。马斯洛的需求层次理论告诉管理者，当创新人才对物质需求已经不再感到不安时，他们开始强化对自身价值的追求，得到管理者的认可和职位的晋升成为对其的最佳激励方式。创新主体可以从以下几个方面入手对创新人才实现精神激励。

1)对这些科技人才设立专门的激励模式。当这些科技人才对创新主体单位的贡献达到一定程度时，创新主体单位可以通过两个方面规划科技人才的未来发展道路：①为其晋升，安排一定的管理岗位，满足其领导欲望；②给予这些科技人才更多的科研创新空间，使其独立负责某重大技术创新项目，继续在研发领域发挥其才华。但需要提出的是，创新主体单位管理者在设立这两种激励模式时，切记要实现待遇和地位的对等性和公平性。

2)增加出国交流学习机会，为科技人才提供更多充实自身价值的机会。随着世界范围能源危机的爆发，我国传统能源诸如煤炭、石油、天然气在能源运输渠道频繁发生"故障"的同时，对生态环境的破坏日益受到民众的关注，海洋能源作为清洁能源和可再生能源，我国政府和能源部门对其关注程度也应运而生。国际海洋能技术的发展远远超越我国海洋能技术的发展，科技人才对专业知识的渴望在某种程度上胜于对物质报酬的追求。因此，创新主体单位可以增加科技人才出国学习、培训、交流的机会，资助他们参加各种国际学术会议，通过他们的力量在创新主体单位内营造一种学习的气氛，在实践中促进技术创新行为的提出和展开，进而为创新单位实现更多的绩效。

3)创新主体单位应尽可能为科技创新人员提供良好的创新条件。根据我国海洋能产业目前的实际发展情况，大学、科研机构和企业研发人员除对实验场所和实验设施有一定的要求之外，都需要一定的创新空间。创新主体单位应大力提倡科技人员利用一定的工作时间来研究他们感兴趣的设想，并以多种方式向他们提供更多的创新便利，如完备的实验室、充足的研发资金，不限制科研人员的研发权利，良好的技术创新氛围可以为创新主体单位带来层出不穷的创新概念，使科技人才的创新才能得到充分的发挥和利用，从而带来新产品、新专利、新技术。

4)情感激励在某时期也可以成为有效的激励方式。技术创新的竞争实质上是科技人才的竞争，科技人才经过专业的技术训练和知识的熏陶，对创新主体单位的领导者领导风格和要求与一般员工相比存在一定的差异。因此，创新主体单位的领导者应多与科技人员进行沟通，增强其归属感，进而激发科技人员的技术创新。

8.5　强化技术创新法规政策体系

纵观发达国家海洋能产业和国内其他发展相对较成熟产业的技术创新情况，完善的技术创新法规政策体系是产业内组织技术创新的重要保障。依据我国海洋能产业现阶段实际发展情况，提出以下几点建议。

(1)营造良好的法制环境

根据第4章我国海洋能产业技术创新体系支撑子系统实证研究结果，法律政治环境对系统创新活动的贡献程度为0.366，结果显示：法律政治环境对创新活动有一定的保障支撑作用，但仍需进一步加强改善。海洋能产业属于知识密集型和技术密集型产业，世界各国发达国家均十分重视技术创新成果保护，在知识产权保护、知识成果转化、科技创新资金投入、技术创新风险投资等方面制定了完善的法律法规，为我国海洋能产业健康、快速发展营造了良好的法律环境。借鉴国外产业发展的成功经验，我国政府应尽快制定和完善海洋能产业技术创新的法律保护体系，强化海洋能产业技术创新法规建设，以《科技进步法》为依托，修订和完善《政府采购法》、《促进科技成果转化法》、《中华人民共和国能源法》、《中华人民共和国可再生能源法》等，针对各省市地区海洋能产业发展情况，有目标性地鼓励地方加强科技资源整合和科技资源节约、风险投资、科技投入、知识产权保护等方面的地方性法律规范研究与建设。

(2)加大政府财税和金融政策的支持力度

"十二五"规划中，将海洋能产业定义为战略性新兴产业，是国家重点扶持和发展的技术性产业，政府通过各种公共产品供给、各种项目基金给予我国海洋能产业财税方面的支持，特别是针对产学研合作技术开发方面，对知识产权转让和技术创新成果转化制定相应的税收优惠政策。在产业发展不断趋向成熟时期，政府财税对技术性企业造成一定的压力，而对大学和科研机构形成的负担相对较小，金融政策的支持成为产业内创新主体技术创新的重要支撑条件。第4章支撑子系统实证分析结果表明，资源环境对我国海洋能产业技术创新活动的贡献程度为0.360，与其他支撑要素相比仍存在一定的差距，我国政府虽制定了一些金融扶持政策，但支持力度仍持续加强。如2006年出台的《国家中长期科学技术发展规划纲要(2006—2020年)若干配套政策》

中明确指出，要从科技投入、政府税收、金融政策和政府采购等多个方面制定相应的政策措施，初步形成中国科技创新政策支持体系。2012 年开始，根据"十二五"规划的发展要求，我国政府和各省市应根据海洋能产业发展对海洋科技创新的要求，从国家和各省市层面出发，分别从税收和金融政策方面，加大支持力度，完善政策体系，对技术创新过程中涉及的设备采购、实验室建设、新产品及新专利转让等给予一定的税收优惠，如免征增值税、所得税，减免营业税等。此外，资金渠道的欠缺导致资金投入严重不足是影响产业技术创新的一个重要障碍。根据目前我国海洋能产业的资金投入使用情况，我国政府必须推行积极的金融扶持政策，以增强创新单位的创新动力和信心，可以采取以下措施：①银行信贷资助。政府鼓励商业性银行向积极从事海洋生产、技术研发的单位发放贷款，对符合国家战略性新兴产业和国家政策目标的科研项目给予重点扶持，在符合银行获利的前提下，针对上述情况给予相应单位在贷款期限和利率方面一定优惠，通过财政贴息对发放贷款的银行给予补贴，同时支持从事海洋能技术研发的单位进行技术创新。②加大科技贷款扶持力度。国家每年应根据国民经济发展的需要和宏观科技政策的要求，结合海洋能产业发展的实际情况，对重大项目或关键性项目拨出一定数量的资金作为科技信贷基金，调节贷款速度有重点地对技术要求较高和市场预期效益较好的研发项目提高科技贷款额度和比例，积极帮助技术研发单位克服资金困难。

(3) 加强科技创新强国意识

增强人们对新专利、新技术的认识，并逐渐认识到技术创新在我国海洋能产业发展历程中的重要作用，认识到技术创新是产业可持续发展的重要动力。政府、大学、科研机构、企业应通过各种公开讲座、会议向人们宣传技术创新对于产业发展的重要性，向社会普及技术创新能够提高产业核心竞争力，进而提升我国在世界海洋大国中的地位。因此，在快速推进我国海洋科技创新进程、充分落实国家和地方政府关于科技创新的一系列政策法规的同时，必须不断开展各项激励和扶持政策的宣传力度，使科技创新成果尽快实现其商业价值，为社会提供福利，让人们充分享受海洋能产业技术创新带来的利益，鼓励更多优秀人才为我国海洋能产业的发展贡献力量。

8.6　完善有利于创新的宏观经济环境

从长期来看，海洋能具有减少碳排放的发展潜力，但目前处于发展中阶段，在 2020 年之前是海洋能产业发展的成熟时期。第 4 章实证分析结果显示：经济环境对我国海洋能产业技术创新活动贡献程度为 0.704，相对最大。说明经济环境对我国海洋能产业发展起到了积极的促进作用，但在国际能源匮乏和市场需求剧增的形式下，经济环境的贡献作用仍需完善。因此，国家在相继出台各项政策支持海洋能产业发展的同时，应通过政府采购的方式创造和增加我国海洋能产业新产品、新技术、新专利的市场需求，弥补我国海洋能产业新产品、新技术实用性和普及性较低的缺陷，产生对我国海洋能产业技术创新的"市场拉动"效应，市场拉动效应是我国海洋能产业技术创新的重要动力，有利于提升我国海洋能产业技术创新的运行绩效。发达国家的成功经验表明：政府采购是政府激励技术创新的一个重要政策工具，通过采购价格、采购数量和采购标准等，大大降低技术创新风险。为了使我国政府采购能够发挥最大效应，应做好以下几个方面工作。

(1) 健全政府采购制度

根据国家经济发展情况，明确相应阶段政府采购招标的应用范围、采购方式和应遵循的采购原则等，避免不公开、不透明、不规范采购行为，在国内招标中体现对外贸易政策，在国际招标中制定相关政策保护知识产权，对政府采购工作进行法律保护。

(2) 鼓励海洋能产业积极参与政府招标工作

政府应有意识地向海洋能产业倾斜，制定相应的招标、投标政策，鼓励海洋能产业积极参与。海洋能产业是替代传统能源的最佳能源，国际能源署 IEA 表示，全球各地区要积极参与海洋能技术创新研究，将有机会利用相关知识成果转化来开发本国的海洋能资源。我国海洋能产业由于发展起步较晚，因而在市场接受程度上属于新兴产业，政府通过购买这个特殊产业完成创新的全过程，使得这个有发展前景而市场一时不能完全接受的产业创新成果顺利转化，在市场运作中通过造福社会逐渐实现其商业化价值。特别是针对重大项目、关键性项目，政府采购更是必须予以考虑的。

8.7　提升成果转化中介平台服务能力

市场经济体制下，科技创新成果转化为生产力，是市场经济发展的必然结果。本研究第 6 章研究结果显示：海洋能产业科技服务环境对技术创新体系运行绩效的贡献率为 0.25，进而产生的成果转化效益仅为 0.06；而第 4 章研究结果显示：服务环境对我国海洋能产业技术创新活动的贡献程度为 0.540，说明服务环境在整个创新活动中占据重要位置，对我国海洋能产业发展具有重要的促进作用。因此，我国海洋能产业技术创新成果转化中介服务体系亟须完善，政府及产业部门应制定有关中介平台服务建设的政策建议，提升科技成果转化能力。

具体措施包括：推进技术产权交易所、科技咨询中心、生产力中心等中介服务机构专业化、进程化建设，尽可能使海洋能产业技术创新成果与市场经济体制相衔接，发挥各类中介服务机构的市场功能；鼓励国内各类中介服务机构与国外中介机构接轨，多方位交流与合作，借鉴国际中介服务机构的成果转化经验，提升国内中介机构科技成果转化能力；落实《国务院关于发挥科技支撑作用促进经济平稳较快发展的意见》，推动海洋能产业化科技创新基地建设，形成布局合理、技术与人才完备、高端产业集聚的海洋能技术创新基地，吸引大学、科研机构、企业和社会团体参与科技成果转化推广。支持各类科技中介机构单位性质多元化，增加区域性中介机构空间性合作，创建中介机构专业化、开放性的资源共享中介服务平台，尽可能地提高技术创新成果转化效率和对经济发展的贡献率，进而提升我国海洋能产业技术创新体系的运行绩效。

8.8　加强产业与国际间的合作

科学技术的进步和市场竞争压力迫使我国政府重视国际海洋能产业及技术的发展，科学技术进步和市场竞争压力作为促进我国海洋能产业技术创新活动的动力要素对产业发展的贡献程度分别为 0.354 和 0.634，说明两者是促进我国海洋能产业积极发展的重要动力要素。继波兰、英国、日本、美国、爱尔兰，西班牙、澳大利亚等国际海洋大国加入 OES（Ocean Energy Systems）

后，2010 年中国正式成为 OES 成员，这标志着我国海洋产业发展已经进入了新的阶段，可以有更多的机会与国际海洋大国之间进行交流与合作，加强国际间海洋能技术研究合作，是增强我国海洋能产业核心竞争力、提高我国海洋能产业技术创新能力的重要途径，进而提升我国在国际海洋研究领域和海洋事务领域的国际地位。加强我国海洋能产业国际间合作主要可以通过以下几项措施：①通过政府作用增加国际间项目合作机会，支持我国海洋能领域优秀的科研人员在国际项目中担任重要角色，也鼓励国际海洋大国的优秀科研人才到我国科研场所交换合作；②鼓励号召我国海洋能领域专家积极申报国际海洋重大科技项目或技术攻关项目，大力培育我国海洋能领域专家主持的国际海洋技术项目；③加强与国际间科研机构的合作，包括大学之间、科研机构之间和企业之间，也包括交叉合作，我国政府制定相应政策将符合条件的优秀大学生、科研人员和技术人员派送到国际海洋大国进行培训和学习，与国际科研机构达成长期交流与合作；④对国际科技成果转化中介机构给予一定的优惠政策，引进一些优质的中介机构，鼓励外资大学、科研机构和企业进行投资，进而得到高层次的科技创新人才；⑤在积极引进国际资金进入中国的同时，我国政府应鼓励有条件的技术型企业、大学和科研机构走出国门，在国外建立科研机构或产业基地，实现与国际间的多层次、多角度、多方位交流合作。

主要参考文献

白晓君. 2009. 员工心理边界影响因素实证研究[D]. 辽宁大学.

蔡盛舟. 2010. 海洋能分布式发电技术及其意义[J]. 电网与清洁能源,26(10):59-61.

柴丽俊. 2009. 山东省产业技术创新动力研究[J]. 青岛科技大学学报(社会科学版),25(3):62-66.

常爱华. 2010. 科技中介研究综述[J]. 科技管理研究,(9):224-226.

常大勇,张丽丽. 1995. 经济管理中的模糊数学方法[M]. 北京:北京经济学院出版.

常玉,卢尚丰. 2004. 高新技术产业开发区技术创新能力评价指标体系的构建[J]. 科技管理研究,(1):103-105.

陈蕾,张铀. 2008. 石油企业技术创新能力发展的经济环境分析[J]. 科技创业月刊,(6):14-15.

陈其荣. 2000. 技术创新的哲学视野[J]. 复旦学报(社会科学版),(1):14-20.

陈权宝,聂锐. 2005. 基于GPCA的高技术产业技术创新能力演化分析[J]. 中国矿业大学学报,34(1):117-120.

陈仁松,曹勇,李雯. 2010. 产学合作的影响因素分析及其有效性测度——基于武汉市高校授权专利实施数据的实证研究[J]. 科学学与科学技术管理,31(12):5-9.

陈婷婷. 2007. 结构洞:关系的制胜点[J]. 三峡大学学报,(29):31-32.

陈伟. 2012. 区域装备制造业产学研合作创新网络的实证研究——基于网络结构和网络聚类的视角[J]. 中国软科学,2:96-106.

陈伟,张永超. 2012. 区域装备制造业产学研创新网络的实证研究——基于网络结构和网络聚类的视角[J]. 科学学研究,30(4):600-606.

程郁,王胜光. 2010. 创新系统的经济学新释:创新经济体[J]. 中国科技论坛,(6):17-24.

丛爽. 2003. 面向以TLAB工具箱的神经网络理论与应用[M]. 合肥:中国科学技术大学出版社,45.

邓隐北. 2004. 海洋能的开发与利用[J]. 可再生能源,115(3):70-72.

杜广强,许振亮. 2009. 绘制创新理论研究的知识图谱:关键词共现分析[J]. 科技进步与对策,26(13):135-139.

方志军. 2001. 企业家技术创新力的经济学分析[J]. 南京师大学报(社会科学版),(6):21-26.

冯锋，王亮. 2008. 产学研合作创新网络培育机制分析——基于小世界网络模型［J］. 中国软科学，(11)：82 – 87.

冯之浚. 2000. 中国创新系统研究［M］. 山东教育出版社.

傅家骥. 19987. 面对知识经济的挑战，该抓什么？——再论技术创新［J］. 中国软科学，(7)：36 – 39.

高艳波，柴玉萍. 2011. 海洋可再生能源技术发展现状及对策建议［J］. 可再生能源，29(2)：152 – 156.

高艳波. 2011. 海洋可再生能源技术发展现状及对策建议［J］. 可再生能源，29(2)：152 – 157.

高耀，刘志民. 2010. 中国省域高等教育竞争力最新测度——基于因子和聚类分析法的实证研究. 高等教育评估［J］. 2：39 – 41.

耿克红. 2011. 福建海域海上风能资源开发的难点与建议［J］. 海峡科学，(7)：46 – 47.

关健鑫. 2008. 我国高新技术企业国际化经营知识产权管理研究［D］. 哈尔滨工程大学.

郭庆存. 1992. 科技进步及其若干影响因素分析［J］. 软科学，(1)：34 – 37.

郭晓川. 2001. 新产品定义的动态管理模式［J］. 研究与发展管理，(5)：32 – 34.

国家海洋技术中心. 2010. 海洋可再生能源开发战略研究［R］. 8

国家海洋技术中心. 2011. 全球海洋能技术发展汇编［R］. 10

国家海洋技术中心. 2014. 中国海洋能技术进展［R］.

国家海洋局科技部. 2008. 全国科技兴海规划纲要(2008—2015 年).

胡大立. 2003. 应用灰色理论评价企业竞争力［J］. 科技进步与对策，20(1)：159 – 161.

胡明铭，徐姝. 2009. 产业创新系统研究综述［J］. 科技管理研究，(7)：31 – 33.

胡彦霞. 2009. 国家海洋能源开发法律问题研究［D］. 华北电力大学.

胡振华，刘宇敏. 2002. 非正式交流——创新扩散的重要渠道［J］. 科技进步与对策，(8)：72 – 77.

黄华明，罗洪路. 2004. 完善企业技术创新体系，提高企业技术创新能力［J］. 船舶工业技术经济信息，(235)：24 – 29.

霍蕙智. 2006. 石油行业技术创新绩效的 DEA 评价研究［J］. 中外企业家，11：77 – 80.

蒋秋飚，鲍献文. 2008. 我国海洋能研究与开发述评［J］. 海洋开发与管理，(12)：22 – 25.

焦胜利. 2007. 合作技术创新理论的述评［J］. 科技管理研究，(11)：9 – 11.

敬枝平. 2005. 铁路工程企业工艺创新能力评价指标及评价模型的研究［J］. 现代企业，5：116 – 117.

康宇航，苏敬勤. 2009. 基于专利引文的技术跟踪可视化研究——共引、互引、他引、自引［J］. 情报学报，(2)：283 – 289.

李成魁，廖文俊. 2010. 世界海洋波浪能发电技术研究进展[J]. 国内外动态，68-70.

李传斌. 2006. 关于石油企业技术创新问题的探讨[J]. 石油天然气学报（江汉石油学院学报），8：431-432.

李春艳，刘力臻. 2007. 产业创新系统生成机理与结构模型[J]. 科学学与科学技术管理，(1)：50-55.

李红叶. 2011. 中国可再生能源发电发展战略探讨[J]. 中国农村水利水电，(3)：131-136.

李辉. 2005. 产学研相结合——新时期我国企业科技创新持续发展途径[J]. 价值工程，(2)：35-37.

李磊. 2009. 南澎列岛潮汐能开发前景研究[J]. 海洋开发与管理，46-48.

李拓晨，丁莹莹. 2012. 我国海洋高科技产业科技能力评价模型研究——基于 Borda 和模糊综合评价法[J]. 经济问题探索，7：38-43.

李晓燕. 2004. 海上风力发电进展[J]. 太阳能学报，2004，25(1)：78-84.

李颖. 2008. 高科技企业知识产权管理体系的构建研究[J]. 华东经济管理，(9)：98-101.

李元. 2002. 基于技术创新的产业国际竞争力的评价指标体系及其评价方法[J]. 哈尔滨工程大学学报，23(3)：120-123.

李垣. 1993. 企业技术创新[M]. 西安：西安交通大学出版社.

李兆友. 2004. 企业技术创新能力研究综述[J]. 科技管理研究，(2)：53-55.

梁中，周翔. 2012. 低碳产业创新系统运行绩效评价的指标体系[J]. 统计与决策，2：31-35.

林春艳，林晓言. 2006. 技术创新理论述评[J]. 技术经济，25(6)：4-7.

林嵩. 2006. 结构方程模型理论及其在管理研究中的应用[J]. 科学学与科学技术管理，(2)：38-40.

刘伯羽，李少红. 2010. 盐差能发电技术的研究进展[J]. 可再生能源，28(2)：141-145.

刘大海，李朗. 2008. 我国"十五"期间海洋科技进步贡献率的测算与分析[J]. 海洋开发与管理，12-14.

刘凤朝，马荣康. 2011. 基于"985 高校"的产学研专利合作网络演化路径研究[J]. 中国软科学，(7)：178-192.

刘富铀，赵世明. 2007. 我国海洋能研究与开发现状分析[J]. 海洋技术，26(3)：118-120.

刘红娟，肖建兵. 2010. 基于结构方程模型的 FDI 企业战略升级影响因素分析[J]. 统计与决策，(21)：168-170.

刘建兵，柳卸林. 2005. 企业研究与开发的外部化及对中国的启示[J]. 科学学研究，23
　（3）：366－371.

刘力. 2002. 政府在产学研合作中的作用透视——发达国家成功的经验[J]. 教育发展研
　究，（2）：70－74.

刘立. 2011. 创新系统功能论[J]. 科学学研究，29(8)：1121－1123.

刘希宋，李响. 2004. 我国海洋科技产业先导性综合评价[J]. 科学学与科学技术管理，
　（11）：101－105.

刘则渊. 2011. 技术创新联盟与区域产业集群发展关系研究[J]. 科技进步与对策，28
　（6）：42－44.

刘则渊，许振亮. 2007. 现代工程前沿图谱与中国自主创新策略[J]. 科学学研究，25
　（2）：193－199.

柳卸林，刘建兵. 2007. 中国科技发展战略研究小组：中国区域创新能力研究报告[M].
　北京：知识产权出版社.

柳卸林. 1993. 市场和技术创新的自组织过程[J]. 经济研究，（2）：84－86.

陆伟. 2008. 产业集聚发展与区域制度创新能力关系研究——以常州市为案例[D]. 复旦
　大学.

吕振永，党兴华. 2002. 企业技术创新的奖励机制[J]. 经济管理，（11）：44－47.

栾春娟，刘则渊，侯海燕. 2008. 发明者合作网络中心性对科研绩效的影响[J]. 科学学
　研究，26(5)：938－941.

罗希飞，张亮. 2008. 高新区自主创新体系运行机制[J]. 科技与管理，10(1)：114－118.

马吉山，倪国江. 2010. 我国海洋技术发展对策研究[J]. 中国渔业经济，28(6)：5－9.

马志荣，张莉. 2007. 科技创新：海洋经济可持续发展的新动力. 当代经济，（01S）：
　48－49.

莫云清，吴添祖. 2004. 基于社会网络的创新扩散研究[J]. 软科学，18(3)：4－6.

牛莲芳. 2006. 有关技术创新的文献综述[J]. 甘肃科技，22(9)：16－18.

蒲勇健，赵国强. 2003. 内在动机与外在激励[J]. 中国管理科学，11(5)：95－100.

齐建国. 1995. 技术创新——国家系统的改革与重组[M]. 社会科学文献出版社.

秦长江，侯汉清. 2009. 知识图谱——信息管理与知识管理的新领域[J]. 大学图书馆学
　报，（1）：30－38.

任冬法. 2008. 从物理学角度探究可再生能源的利用价值[J]. 科技信息（学术研究），
　（1）：122－123.

山崎正胜. 2002. 日本科学技术政策的特征[J]. 科学学研究，20(4)：403－406.

尚勇. 2009. 论知识社会[J]. 中国软科学，(8)：3－11.

盛亚，范栋梁. 2009. 结构洞分类理论及其在创新网络中的应用[J]. 科学学研究，27

（9）：1407 - 1411.

施杨，李南. 2010. 研发团队知识交流网络中心性对知识扩散影响及其实证研究[J]. 情报理论与实践，33（4）：28 - 31.

史清琪，尚勇. 2000. 中国产业技术创新能力研究[M]. 中国轻工业出版社.

宋清，胡雅杰. 2011. 促进科技型创业企业成长的孵化要素实证研究[J]. 科学学与科学技术管理，（5）：108 - 114.

孙冰. 2003. 企业技术创新动力研究[D]. 哈尔滨：哈尔滨工程大学.

孙林杰，吴灼亮. 2008. 科技在提升我国海洋产业国际竞争力中的作用[J]. 科学对社会的影响，（2）：12 - 15.

孙晓华，杨彬. 2009. 政府采购制度的创新取向：从三个维度观察[J]. 改革，（4）：136 - 140.

孙雅萍. 1998. 21世纪海洋能源开发利用展望及其环境效应分析[J]. 哈尔滨师范大学自然科学学报，14（6）：104 - 106.

谭智斌，周勇. 2006. 我国电子通信制造业技术创新能力评价分析[J]. 现代管理科学，（8）：33 - 35.

汪寅，王忠，刘仲林. 2007. 基于知识螺旋的原始创新过程与机制研究闭[J]. 科学学与科学技术管理，（8）：43 - 47.

王成军. 2006. 官产学三重螺旋创新系统模型研究[J]. 科学学研究，24（2）：315 - 318.

王国贞，田英法. 2002. 河北省产业技术创新能力评价[J]. 经济论坛，（19）：46 - 48.

王海山. 1992. 技术创新动力机制的理论模型[J]. 科学技术与辩证法，9（6）：22 - 28.

王家瑞，王国进. 2002. 新时期国企技术创新人才方略[J]. 企业改革与管理，（2）：4 - 6.

王明明，党志刚，钱坤. 2009. 产业创新系统模型的构建研究——以中国石化产业创新系统模型为例[J]. 科学学研究，（2）：295 - 301.

王朋，张旭，赵蕴华，张泽玉. 2010. 校企科研合作复杂网络及其分析[J]. 情报理论与实践，33（6）：89 - 93.

王森，王国娜. 2006. 关于改革我国海洋科技体制的战略思考[J]. 科技进步与对策，（1）：41 - 44.

王玥. 2007. 联盟与企业技术创新研究的综述[J]. 内江科技，（1）：69 - 70.

王宗军. 1998. 综合评价的方法、问题及其研究趋势[J]. 管理科学学报，1（1）：30 - 31.

吴贵生. 2008. 外部组织整合与新产品开发绩效关系实证研究：以产品创新程度为调节变量[J]. 科学学与科学技术管理，（12）：58 - 62.

吴丽波. 2003. 中国装备制造业技术创新能力研究[D]. 武汉理工大学.

吴伟，李兆友. 2009. 国内外关于用户创新的研究综述及未来展望[J]. 东北大学学报（社会科学版)，11(1)：19－21.

西格法德·哈里森. 2004. 日本的技术与创新管理[M]. 北京：北京大学出版社.

夏登文，康健. 2014. 海洋能开发利用词典[Z]. 北京：海洋出版社.

项保华. 1994. 我国企业技术创新动力机制研究[J]. 科研管理，(1)：45－48.

肖钢，马强，马丽. 2013. 海洋能——日月与大海的结晶[M]. 武汉：武汉大学出版社.

熊彼特. 2008. 经济发展理论[M]. 北京出版社.

徐福缘，程钧谟，綦振法. 2004. 企业员工知识创新能力模糊综合评价体系[J]. 科学管理研究，2(1)：85－89.

徐作圣，许友耕. 2000. 国家创新系统与竞争力——台湾集成电路产业之实证[J]. 经济情势暨评论季刊，5(3)：9－13.

许庆瑞. 1990. 技术创新管理[M]. 浙江大学出版社.

许小东. 2002. 技术创新内驱动力机制模式研究[J]. 数量经济技术经济研究，(3)：76－77.

许振亮，刘则渊. 2008. 中国技术创新理论前沿知识图谱：作者共被引视角[J]. 图书情报工作，52(5)：90－94.

薛桂芳. 2008. 浅谈海洋温差能及其可持续利用[J]. 中国海洋大学学报(社会科学版)，(2)：15－19.

薛薇. 2007. SPSS 统计分析方法及应用[M]. 北京：电子工业出版社[M]. 325－336.

阳志梅. 2008. 基于产业集群的技术创新扩散研究综述[J]. 商业经济，(7)：27－30.

杨德林. 2009. 技术创新研究在中国[J]. 技术经济，28(1)：1－11.

杨东奇，陈娟，邢芳卉. 2008. 我国高新技术企业自主创新环境建设的实证研究[J]. 中国科技论坛，(2)：83－86.

叶向东. 2006. 海洋资源可持续利用与对策[J]. 太平洋学报，(10)：75－83.

游亚戈. 2008. 我国海洋能产业状况[J]. 高科技与产业化，(7)：38－40.

于小飞. 2006. 中国 IT 产业技术创新能力评价研究[D]. 大连理工大学.

鱼金涛，郝跃英. 1984. 斋藤优的新著《国际技术转移政治经济学》[J]. 外国经济与管理，(8)：44－45.

岳洪江，刘思锋. 2008. 企业基础研发的知识挖掘与可视化研究[J]. 科技进步与对策，26(18)：136－139.

战培国. 2005. 海上风力发电技术综述[J]. 电力设备，6(12)：42－44.

张登霞. 2002. 双浮子海浪发电装置参数分析以及结构优化设计[D]. 燕山大学.

张峰等. 2007. 中国海洋能专利研究[J]. 可再生能源，25(2)：79－82.

张珺. 2011. 中国常规能源构成：海洋能资源观察[J]. 现代物业，10(4)：103－105.

张立凡，李东. 2007. 石油企业技术创新能力评价[J]. 统计与决策，(2)：151－153.

张陆洋，郭江明，范建年. 2009. 基于国际经验的创新体系新认识的研究[J]. 中国软科学，(9)：187-191.

张治河. 2006. 产业创新系统模型的构建与分析[J]. 科研管理，(2)：36-39.

赵刚. 2010. 新能源技术的发展趋势与投资前景分析[J]. 科技创新与生产力，(197)：9-15.

赵国庆，黄荣怀. 2005. 知识可视化的理论与方法[J]. 开放教育研究，11(1)：23-27.

赵继承. 2006. 加强石油企业技术创新能力的对策探讨[J]. 石油地质与工程，(6)：98-100.

赵凌云. 2006. 结构洞与政治精英的控制优势——一个分化型村庄的个案研究[J]. 社会学研究，(5)：165-167.

赵世明，刘富铀. 2008. 我国海洋能开发利用发展战略研究的基本思路[J]. 海洋技术，27(3)：80-82.

赵树宽，李艳华. 2006. 产业创新系统效应测度模型研究[J]. 吉林大学社会科学学报，(9)：131-136.

郑刚，朱凌，陈悦. 2008. 中国创新地图——基于文献计量学的我国创新管理研究力量分布研究[J]. 科学学研究，26(2)：442-447.

中科院广州能源所. 一种海洋波浪能自动调配能量吸收方法[P]. 中国：03113523. 4，2003-06-18.

仲伟俊，梅姝娥，谢园园. 2009. 产学研合作技术创新模式分析[J]. 中国软科学，(8)：174-181.

周建波，孙菊生. 经营者股权激励的治理效应研究[J]. 经济研究，7(2)：52-60.

周密，赵西萍，司训练. 2009. 团队成员网络中心性、网络信任对知识转移成效的影响研究[J]. 科学学研究，27(9)：1384-1392.

周培栋. 2007. 西方技术创新理论发展综述[J]. 商场现代化，(505)：228-230.

朱海就. 2004. 区域创新能力评估的指标体系研究[J]. 科学管理，(3)：30-35.

朱景和. 2002. 我国钢铁工业技术创新能力研究[J]. 中国冶金，(6)：27-30.

Adler P S, Shenbar A. 1990. Adapting your technological base：the organizational challenge [J]. Sloan Management Review, 25：25-37.

Alliance for Coastal Technologies. 2006. Integrated Sensor Systems for Vessels of Opportunity [R]. ACT Workshop Report.

Bart. Kamp. 2008. Impact appraisal of regional innovation policy measures on automotive industry competitiveness：a search after better practices[J]. International Journal of Automotive Technology and Management, 8(4)：401-430.

Beaume. 2009. Innovation and advance engineering capabilities in Auto industries：a comparative analysis[C]. IMVP Automotive forum, Tokyo.

Bernhard Lange, Jφrgen Hφjstrup. 2001. Evaluation of the wind – resource estimation program WAsP for offshore applications[J]. Journal of Wind Engineering and Industrial Aerodynamics, 271 – 291.

Bresehi, Malerba. 1997. Sectoral innovation systems: technological regimes, Sehumpeterian dynamies and spatial boundaries[J]. Research Policy.

Burt R S. 1992. Structural Holes: The Social Structure of Competition [M]. Cambridge, MA: Harvard University Press.

Carlsson B, Jacobsson S., Holmén M., RicKne A. 2002. Innovation Systems: Analytical and Methodological Issues[J]. Research Policy, (2): 109 – 112.

Caroline Lanciano – Morandat H N, Eric Verdier. 2006. Higher Education Systems and Industrial Innovation, innovation [J]. the European journal of social science research, 19: 33 – 40.

Casanueva. 1998. Transfer of technological Knowledge. a multiple case study in the pharmaceutical industry[J]. California Management Review.

Charles S C. 2011. Measurement of the Ocean and Coastal Economy: Theory and Methods [R]. National Ocean Economics Project of the USA, 3(11): 104 – 114.

Chul Hee JO, Kang Hee LEE&Yu Ho RHO. 2010. Recent TCP(Tida Current Porrer) projects in Korea[J]. Technological Sciences, 53(1): 57 – 61.

Churchill G. 1979. A paradigm for developing better measures of marketing constructs[J]. Journal of Marketing Research, 16(1): 64 – 73.

Costa G D, et al. 2009. The GREEN – NET framework: Energy efficiency in large scale distributed systems[C]. Parallel & Distributed Processing.

Debresson. 2004. Innovation Networks: Theory and Practice[J]. Research Policy, 33(5): 842 – 844.

Dennis Patrick Leyden, Albert N. Link. 1992. Policy Initiatives to Support Innovation[J]. Governments Role in Innovation, 153 – 170.

Diaz – Perez. 2006. Harnessing natures power[J]. Engineering&Technology, (6): 50 – 52.

Dosi G. 1984. Technological paradigms and technological trajectories: A suggested interpretation of the determinants and directions of technical change[J]. Research Policy, 11(3): 147 – 162.

Doutriaux J. 2003. University – Industry LinKages and the Development of Knowledge Clusters in Canada[J]. Local Economy, 18(1): 63 – 79.

Eagenia Y. Huang, Shu – Chiung Lin. 2006. How R&D management practice affects innovation performance: An investigation of the high – tech industry in Taiwan[J]. Industrial Management & Data Systems, (106): 966 – 996.

Edwin Mansfield. 1995. Aeademie research underlying industrial innovations: sources, characteristies and financing[J]. The Review of Economics and Statistics, 1: 60 – 63.

EtzKowitz H, Leydesdorff L. 1997. Universities and the Global Knowledge Economy: A Triple Helix of University – Industry – Government Relations[M]. London: Cassell Academic.

Feldman M P. 1996. Thegeography of innovation[M]. The Netherlands: Kluwer Aeademic Publishers, Dordreeht.

Fernandez – Castro, Jimenez M. 2005. Promethee: An extension through fuzzy mathematical programming[J]. Journal of the Operational Research Society, 56: 119 – 122.

Freeman C. 1987. Technology, Policy and Economic Performance: Lessons from Japan[M]. London: Pinter Publishers.

Freeman L C, Borgatti S P, White D R. 1991. Centrality in Valued Graphs: A Measure of Betweenness Based on NetworK Flow[J]. Social Networks, (13): 141 – 154.

Freeman, Soete. 1996. The economics of industrial innovation. The MIT Press. Cambridge. MA.

Gans, Joshua S, Stern, Scott. 2003. The Product MarKet and the MarKet for ideas: Commercialization Strategies for Technology Entrepreneurs [J]. Research Policy, (32): 124 – 127.

Gerald L. Wick and Walter R. Schmitt. 1997. Prospects for renewable energy from the sea[J]. Marine Technology Society Journal, 16 – 21.

Gomes Casseres B, Hagedoorn J, Jaffe A B. 2006. Do Alliances Promote Knowledge Flows? [J]. Journal of Financial Economics, 80(1): 5 – 33.

Granovetter M. 19732. The Strength of WeaK Ties [J]. American Journal of Sociology, (78): 1287 – 1303.

Gérard C. Nihous. 2007. An estimate of Atlantic Ocean Thermal Energy Conversion (OTEC) resources [J]. Ocean Engineering, 6(4): 3 – 4.

Hammons T J. 1993. Tidal Power, Proceeding of the IEEE, 81(3): 419 – 433.

Heinze T, et al. 2009. Organizational and institutional influences on creativity in scientific research[J]. Research Policy, 38(4): 610 – 623.

Huang Z. 2006. Analysis of factors affecting FDI technology spillover effect[J]. World Economics Research, 354 – 360. Hyeokman Kim, Sukho Lee, Hyoung – joo Kim. 1997. Distributed query optimization using two – step pruning[J]. Information and Software Technology, 3(39): 149 – 169.

Jan W Post, el al. 2008. Energy Recovery from Controlled mixing Salt and Fresh Water with a Reverse Electrodialysis System[J]. Environ. Sci. technol. , 5785 – 5790.

John L. Enos. 1962. Invention and innovation in the petroleum processing industry[J]. Energy Society, 52 – 60.

Koning. 1993. Evaluating Training at the Company Level[J]. International Journal of Manpower, 1(14): 94 – 104.

Larry Seligma. 2006. Sensemaking throughout adoption and the innovation – decision process [J]. European Journal of Innovation Management, 9(1): 108 – 120.

Lee Branstetter. 2004. Exploring the linK between academic science and industrial innovation [R]. Diseussion paper series APEC study center.

Lin C H, Tseng S M. 2005. Bridging the Implementation Gaps in the Knowledge Management System for Enhancing Corporate Performanc[J]. Expert Systems with Applications, 29(1): 163 – 173.

Lundvall. 1992. National Systems of Innovation: Towards a Theory of Innovation and Interaction Learning[M]. London and New YorK: Pinter.

Lynn K, Mytelka, Keith Smith. 2002. Policy learning and innovation theory: an interactive and co – evolving process[J]. Research Policy, (31): 1467 – 1479.

Malerba F. 2002. Sectoral systems of innovation and production[J]. Research Policy, (31): 250 – 260.

Malerba F. 2006. Innovation and the evolution of industries[J]. Journal of Evolutionary Economics, (16): 5 – 20.

Manabu TaKao. 2011. Akjyasu Takami, Shinya Okuhara, Toshiaki Setoguch. A Twin Unidirectional Impulse Turbine for Wave Energy Conversion[J]. Journal of Thermal Science, 20 (5): 394 – 397.

Manabu Takao, Toshiaki Setoguchi, Yoichi Kinoue, Kenji Kaneko. 2006. Effect of end plates on the Performance of a Wells Turbine for Wave Energy Conversion[J]. Journal of Thermal Science, 15(4): 319 – 323.

Mansfied M. 1993. Technological innovation and the theory of the firm: the role of enterprise-level knowledge, complementarities and capabilities[J]. Economics of Innovation, 1: 679 – 730.

Marianna Makri, Peter J. Lcane. 2009. Responding to technological maturity: A socio – cognitive model of science and innovation in technological communities[J]. The Journal of High Technology Management Research, 18(1): 1 – 14.

Marquis D. 1960. The determinants of innovation: Market demand, technology and the response to social problems[J]. Futures.

Marquis D G, Myers S. 1969. Successful industrial innovation[M]. Massachusetts Institute of Technology.

Maser M. 2004. Tidal Energy – a primer[J]. Blue Energy, 8(2): 18 – 20.

Motohashi K. 2008. Assessment of Technological Capability in Science Industry LinKage in China by Patent Database[J]. World Patent Information, 30(3): 225 – 232.

Mowery D, Rosenberg N. 1971. The influence of market demand upon innovation: a critical review of some recent empirical studies[J]. Research Policy, 8(2): 102 – 153.

Mueser R, Nelson Cowan and Kim T Mueser. 1999. A generalized signal detection model to predict rational variation in base rate use[J]. Cognition, 3(69): 267 – 312.

Munro H, Noori N. 1975. Implementing advanced manufacturing technology: The perspective of a newly industrialized country (Malaysia)[J]. The Journal of High Technology Management Research, 8(1): 1 – 20.

Nelson R. 1993. National Systems of Innovations: A Comparative Analysis[M]. Oxford: Oxford University Press.

OECD. 1997. National Innovation Systems[R]. Paris: OECD Publishing.

Paull S. Myers. 2002. Knowledge management and organizaitonal design[J]. Knowledge Innovation, 1 – 6.

Phelps, Kennedy. 1996. A model of induced invention, growth and distribution[J]. The Economic Journal, 8(3): 542 – 558.

Philip J. Vergarqt and Halina Szejnwald Brown, 2006, "Innovation for Sastainability: The Case of Sustainable Transportation", SPRU 40th Anniversary Conference – The Future of Science, Technology and Innovation Policy: Linking Reserch and Practice[C].

Pisterius C I, Utterback J M. 1997. Multi – mode interaction among technologies[J]. Research Policy, 1(26): 67 – 84.

Robin Pelc, Rod M. Fujita. 2002. Renewable energy from the ocean[J]. Marine Policy, 26 (6): 471 – 479.

Rolf Jarle Aaberg. 2005. Osmotic power: A new and powerful renewable energy source? [J]. Refocus, 4(6): 48 – 50.

Rothwell R, Roberteson A. Freeman. 1973. The role of communications in technological innovation[J]. Research Policy, 2(3): 204 – 225.

Schmookler J. 1966. Invention and economic growth[M]. Cambridge, Harvasrd University Press.

Shipilov A V. 2006. Networ K Strategies and Performance of Canadian Investment Banks[J]. Academy of Management Journal, 49(3): 590 – 604.

Simmie J. 2003. Innovation and Urban Regions as National and International Nodes for the Transfer and Sharing of Knowledge[J]. Regional Studies, 37(6/7): 607 – 620.

Sirlli G, Evangslista R. 1998. Technological innovation in services and manufacturing: results from Italian surveys[J]. Research Policy, 27(9): 881 – 899.

Srivastava R P, Liu L P. 2003. Applications of belief functions in business decisions: A review[J]. Information Systems Frontiers, 5(4): 359 – 378.

Taeho Kim, Toshialsci Seteguchi, et al. 2001. Effects of Blade Geometry on Performance of Wells Turbine for Wave Power Conversions [J]. Journal of Thermal Science, 10 (4): 23 – 25.

Toivonen M. 2007. Emergence of innovations in services[J]. The Service Industries Journal, 29(7): 887 – 902.

Tw'Thorpe. 1999. Hidea Ki Maeda. A brief review of wave energy[R]. London: UKDTL.

Vega L A. 2002. Ocean Thermal Energy Conversion Primer[J]. Marine Technology Society Journal, 36(4): 25 – 35.

Wilstenhagen R, et al. 2007. Social acceptance of renewable energy innovation: An introduction to the concept[J]. Energy Policy, 35(5): 2683 – 2691.

Windrum P, Fagido G, Moneta A. 2008. Empirical Validation of Agent – Based Models: Alternatives and Prospects[J]. Journal of Artificial Societies and Social Simulation, 10(2): 115 – 152.

Xin Li. 2005. Review of Research of Forcing Data for Regional Scale Hydrological Model[J]. Advances in earth science, 12(25): 1314 – 1324.